會計電算化
實訓教程

主編 劉國中

前　言

　　本書是根據教育部頒布的關於職業教育會計專業教學方案、會計電算化課程教學基本要求和省教育廳《中等職業學校會計專業教學標準》的規定,結合會計電算化課堂教學的實際需要而編寫的一本以工作過程為導向的會計電算化實訓教材。

　　本書堅持「以服務為宗旨,以就業為導向,以能力為本位,以學生為主體」的職業教育方針,以適應新形勢下的教學對象、教學規律為根本,以提高學生的綜合素質和職業能力為目標。在編寫中,突出以下特色:

　　1. **理念先進**。本書以現代教育理念為指引,以現代教育技術為手段,實行「項目引領、任務驅動」的教學策略,採用案例教學、情境教學和仿真教學方式,強化培養學生的會計職業技能,提高學生的會計實踐能力。

　　2. **體例新穎**。為促進人才培養模式改革創新,本書的編寫體例進行了大膽嘗試:打破會計軟件模塊的束縛,以會計主體一個月的業務為主線,貫穿全書始終,根據會計職業崗位要求,按照企業會計業務流程,為學生設計科學而實用的在電算化條件下處理會計業務的內容體系。

　　3. **內容領先**。本書以暢捷通 T3－企業管理信息化軟件教育專版 10.8 Plus1 為平臺,以 2014 年修訂的《企業會計準則》和最新財稅、金融等財經法規為依據,以真實的案例資料為載體,完整、系統地介紹了通用財務軟件的基本功能和使用方法。

　　4. **知識實用**。本書從中等職業學校會計課堂教學實際出發,以會計主體發生的經濟業務為依託,本著「必須、夠用、適用」的原則,把會計和電算化等理論知識融入真實案例,簡明、通俗地介紹了使用計算機和財務軟件填製會計憑證、登記會計

帳簿、編製財務報表的工作流程和操作方法。

5.**突出技能**。本書以培養技能型、實用型會計專業人才為目標,理論聯繫實際,通過「做中教、做中學」,將專業理論知識學習與業務技能操作相結合,實現會計課堂教學與會計工作崗位之間深度而有效的對接。

本書共分六個項目,針對本課程的特點,建議採用「一體化」的教學模式,邊學邊練。

本書由河南省駐馬店財經學校劉國中擔任主編,魏戰爭擔任副主編。具體編寫分工是:劉國中編寫項目一、項目三、項目四、項目六和附錄,魏戰爭編寫項目二,史根峰編寫項目五中的任務一、任務二,付小峪編寫項目五中的任務三、任務四。全書由劉國中設計編寫體例和業務案例並負責統稿。

在本書編寫過程,河南天豐集團註冊會計師孫玉玲、駐馬店市白雲紙業有限公司會計師付春暉和河南省豐碩實業有限公司高級會計師高愛玲提出了許多寶貴意見,並得到河南省駐馬店財經學校領導的大力支持,在此一併表示感謝。

本書除適用於中等職業學校會計電算化專業教學外,還可以作為各種形式的會計培訓教材,也是廣大會計從業人員學習會計新知識、新技術的良好讀物。

由於時間倉促、作者水平所限,書中難免存在不足之處,敬請讀者批評指正。

編　者

2016 年 5 月

目　　錄

項目一　系統管理 ·· 1
　　任務一　帳套管理 ·· 1
　　　　一、註冊系統 ·· 1
　　　　二、建立帳套 ·· 2
　　任務二　操作員設置 ·· 5
　　　　一、增加操作員 ·· 5
　　　　二、設置操作員權限 ··· 7
項目二　基礎檔案設置 ·· 9
　　任務一　機構檔案設置 ··· 9
　　　　一、部門檔案設置 ··· 10
　　　　二、職員檔案設置 ··· 12
　　任務二　往來單位檔案設置 ··· 13
　　　　一、客戶、供應商和地區分類設置 ··· 13
　　　　二、客戶和供應商檔案設置 ··· 15
　　任務三　財務檔案設置 ··· 17
　　　　一、外幣種類設置 ··· 17
　　　　二、會計科目設置 ··· 18
　　　　三、項目目錄設置 ··· 25
　　　　四、憑證類別設置 ··· 28
　　任務四　收付結算信息設置 ··· 29
　　　　一、結算方式設置 ··· 29

二、付款條件設置 ……………………………………………… 30
三、開戶銀行設置 ……………………………………………… 31
任務五　存貨和購銷存檔案設置 …………………………………… 32
一、存貨分類設置 ……………………………………………… 32
二、存貨檔案設置 ……………………………………………… 33
三、倉庫檔案設置 ……………………………………………… 35
四、收發類別設置 ……………………………………………… 36
五、採購和銷售類型設置 ……………………………………… 37

項目三　子系統初始設置 ……………………………………………… 39
任務一　總帳管理系統初始設置 …………………………………… 39
一、總帳參數設置 ……………………………………………… 39
二、總帳期初餘額錄入 ………………………………………… 41
任務二　工資管理系統初始設置 …………………………………… 45
一、建立工資帳套 ……………………………………………… 45
二、權限設置 …………………………………………………… 47
三、人員類別設置 ……………………………………………… 48
四、工資項目設置 ……………………………………………… 49
五、銀行名稱設置 ……………………………………………… 51
六、人員檔案設置 ……………………………………………… 52
七、工資項目計算公式設置 …………………………………… 54
任務三　固定資產管理系統初始設置 ……………………………… 57
一、建立固定資產帳套 ………………………………………… 57
二、補充參數設置 ……………………………………………… 60
三、資產類別設置 ……………………………………………… 61
四、資產增減方式對應科目設置 ……………………………… 62
五、部門對應折舊科目設置 …………………………………… 64
六、原始卡片錄入 ……………………………………………… 65
任務四　購銷存管理系統初始設置 ………………………………… 68

一、購銷存各模塊業務參數設置 …………………………………… 68
　　二、核算模塊科目設置 ……………………………………………… 69
　　三、購、銷、存模塊期初餘額錄入 ………………………………… 72

項目四　日常業務處理 ………………………………………………… 80
　任務一　總帳管理系統日常業務處理 ………………………………… 80
　　一、憑證處理 ………………………………………………………… 80
　　二、帳簿查詢 ………………………………………………………… 99
　　三、出納管理 ………………………………………………………… 103
　任務二　工資管理系統日常業務處理 ………………………………… 110
　　一、基礎工資數據錄入 ……………………………………………… 110
　　二、變動工資數據錄入 ……………………………………………… 111
　　三、查看個人所得稅扣繳申報表 …………………………………… 111
　　四、工資分攤類型設置 ……………………………………………… 112
　　五、工資分攤 ………………………………………………………… 114
　　六、憑證與帳表查詢 ………………………………………………… 116
　任務三　固定資產管理系統日常業務處理 …………………………… 118
　　一、資產增加 ………………………………………………………… 118
　　二、計提折舊 ………………………………………………………… 119
　　三、資產減少 ………………………………………………………… 122
　任務四　購銷存管理系統日常業務處理 ……………………………… 124
　　一、採購業務處理 …………………………………………………… 124
　　二、銷售業務處理 …………………………………………………… 145
　　三、存貨出入庫業務處理 …………………………………………… 164

項目五　期末業務處理 ………………………………………………… 170
　任務一　工資管理系統期末處理 ……………………………………… 170
　任務二　固定資產管理系統期末處理 ………………………………… 172
　　一、固定資產管理系統期末對帳 …………………………………… 172
　　二、固定資產管理系統期末結帳 …………………………………… 172

任務三　購銷存管理系統期末處理 ……………………………… 174
　　　一、採購子系統期末結帳 ………………………………………… 174
　　　二、銷售子系統期末結帳 ………………………………………… 175
　　　三、庫存子系統期末結帳 ………………………………………… 176
　　　四、核算子系統期末處理和結帳 ………………………………… 177
　　任務四　總帳管理系統期末處理 ………………………………… 179
　　　一、總帳管理系統期末對帳 ……………………………………… 179
　　　二、總帳管理系統期末結帳 ……………………………………… 180

項目六　編製會計報表 ……………………………………………… 183
　　任務一　自定義報表的編製 ……………………………………… 183
　　　一、報表格式設計 ………………………………………………… 183
　　　二、編輯報表公式 ………………………………………………… 189
　　　三、自定義報表模板 ……………………………………………… 192
　　　四、報表生成 ……………………………………………………… 193
　　任務二　利用模板編製財務報表 ………………………………… 195

附錄 …………………………………………………………………… 199
　　案例經濟業務 ……………………………………………………… 199

項目一　系統管理

目標引領

掌握建立帳套的方法。

掌握帳套的修改、備份、恢復等維護方法。

掌握操作員及其權限的設置方法。

情境導入

良友電子科技有限公司屬於工業企業,主要從事計算機生產和銷售業務,執行《會計基礎工作規範》、2014年新修訂的《企業會計準則》及其他最新修訂完成開始實施的財稅法規。該公司為增值稅一般納稅人,增值稅稅率為17%;城市維護建設稅稅率為7%;教育費附加徵收率為3%;地方教育費附加徵收率為2%。所得稅費用的確認採用資產負債表債務法,所得稅稅率為25%,所得稅款按月預繳,年終匯算清繳。個人所得稅免徵額為3,500元,附加費用為1,300元。記帳本位幣為人民幣。該企業計劃從2016年1月1日起開始使用計算機及暢捷通T3系統進行會計核算及企業日常業務處理。暢捷通T3系統已安裝完成,接下來的任務是建立企業帳套並為所建帳套設置擁有相關權限的操作員。

任務一　帳套管理

帳套管理主要包括建立、修改、備份、刪除、恢復帳套等。

一、註冊系統

任務描述

暢捷通T3系統中,系統管理是為各個子系統提供的公共管理平臺,用於對整

1

個系統的公共任務進行統一的帳套管理、操作員管理、系統安全控製等,而所有的系統管理工作都是從註冊系統開始的。以系統管理員 admin 的身分在暢捷通 T3「系統管理」窗口中註冊系統。

工作導向

步驟 1:選擇「開始」|「程序」|「暢捷通 T3－企業管理信息化軟件教育專版 10.8Plus1」|「暢捷通 T3」|「系統管理」命令,打開「系統管理」窗口,如圖 1-1 所示。

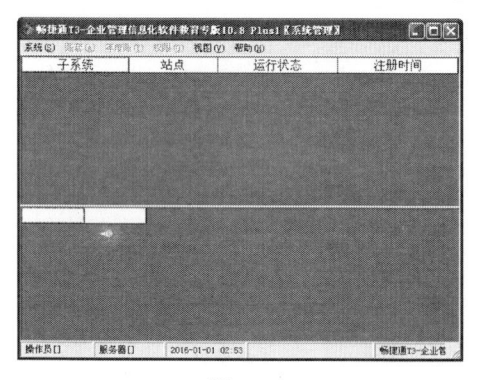

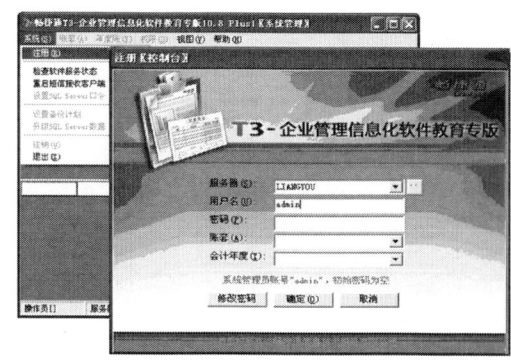

圖1-1   圖1-2

步驟 2:單擊「系統」菜單,選擇「註冊」命令,打開「註冊【控製臺】」對話框,在用戶名文本框中輸入系統管理員用戶名「admin」,密碼為空,如圖 1-2 所示。

步驟 3:單擊「確定」按鈕,激活「帳套」和「權限」菜單。

二、建立帳套

任務描述

良友電子科技有限公司的企業相關信息如下:简稱良友公司,位於鄭州經濟技術開發區第九大街 936 號,法人代表付強,郵編 450000,電話與傳真均為 0371－9998886,E-mail:liangyoudianzi@126.com,企業納稅人識別號為 00062031678385,於 2016 年 1 月開始採用計算機及暢捷通 T3 系統進行會計核算及企業日常業務處理,帳套號為 987。

該公司存貨、客戶、供應商需分類管理,企業有外幣業務,業務流程均使用標準流程。基本信息編碼方案:科目編碼級次為 42222,客戶分類編碼級次為 122,供應商分類編碼級次為 122,地區分類編碼級次為 234,部門編碼級次為 12,其餘信息編碼方案按系統默認設置。數據精度亦按系統默認設置。

項目一　系統管理

987帳套需要啟用總帳、工資管理、固定資產管理、購銷存管理、生產管理及核算等子系統。

工作導向

步驟1：以系統管理員admin的身分登錄暢捷通T3軟件，在「系統管理」窗口中選擇「帳套」│「建立」命令（如圖1-3所示），打開「創建帳套—帳套信息」對話框。

圖1-3　　　　　　　　　　圖1-4

步驟2：輸入帳套信息，如圖1-4所示。

步驟3：在「創建帳套—帳套信息」對話框中，單擊「下一步」按鈕，打開「創建帳套—單位信息」對話框，輸入單位信息，如圖1-5所示。

步驟4：在「創建帳套—單位信息」對話框中，單擊「下一步」按鈕，打開「創建帳套—核算類型」對話框，單擊「行業性質」右側的下三角按鈕，選擇「2007年新會計準則」選項，如圖1-6所示。

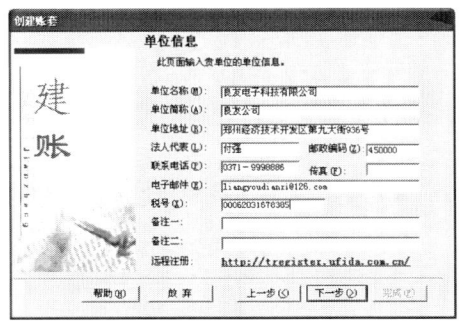

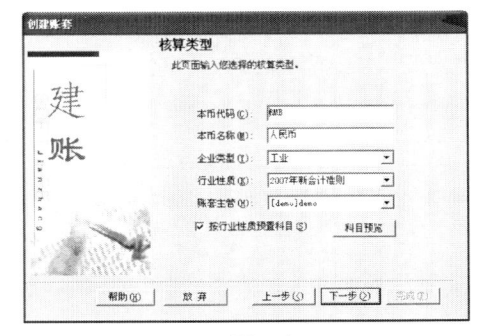

圖1-5　　　　　　　　　　圖1-6

步驟5：在「創建帳套—核算類型」對話框中，單擊「下一步」按鈕，打開「創建帳套—基礎信息」對話框，根據需要選中各項目前的復選框，如圖1-7所示。

3

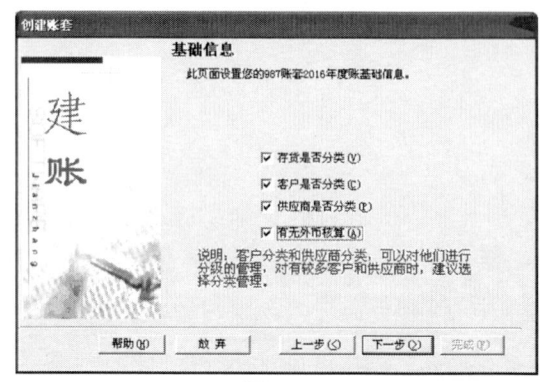

图1-7

步驟6：單擊「下一步」按鈕，打開「創建帳套—業務流程」對話框，採用系統默認的標準流程，單擊「完成」按鈕，系統彈出「創建帳套」提示框，如圖1-8所示，單擊「是」按鈕，打開「分類編碼方案」對話框。

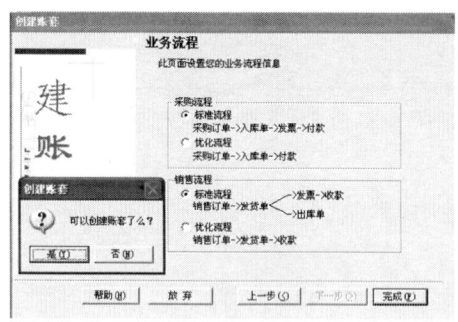

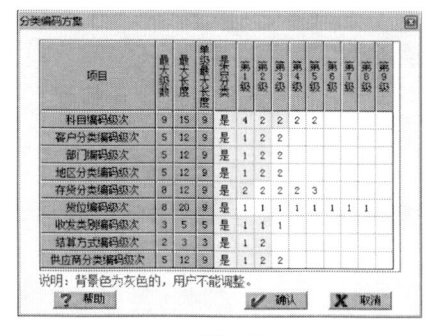

圖1-8　　　　　　　　　　　　　　圖1-9

步驟7：在「分類編碼方案」對話框中，根據提供的資料，分別設置科目編碼、客戶、供應商和存貨分類編碼級次，如圖1-9所示。

步驟8：單擊「確認」按鈕，打開「數據精度定義」對話框，如圖1-10所示。

步驟9：在「數據精度定義」對話框中，採用系統默認的數據，單擊「確定」按鈕，系統提示「創建帳套{良友公司：[987]}成功」提示框，如圖1-11所示。

圖1-10　　　　　　　　　　　　　　圖1-11

步驟10：單擊「確定」按鈕，系統詢問「是否立即啟用帳套」，如圖1-12所示。

步驟11：單擊「是」按鈕，系統彈出「系統啟用」對話框。

步驟12：在「系統啟用」對話框，逐一啟用總帳、工資管理、固定資產、購銷存管理、生產管理及核算等子系統，如圖1-13所示。單擊「退出」按鈕，關閉「系統啟用」對話框。

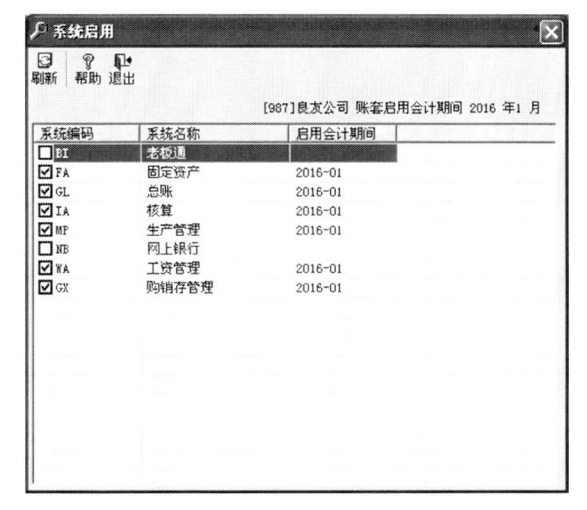

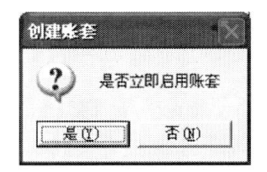

圖1-12　　　　　　　　　　　圖1-13

自主探究

以系統管理員admin的身分將所做的帳套備份在以自己名字命名的文件夾中。再以系統管理員admin的身分，將已備份的帳套數據恢復到系統中。

任務二　操作員設置

操作員是指有權限登錄系統，並通過對系統進行操作以便於進行業務處理和會計核算的用戶，暢捷通T3的操作員包括系統管理員、帳套主管、財務人員、相關業務人員等。

一、增加操作員

任務描述

良友電子科技有限公司暢捷通T3的相關操作員檔案及工作職責見表1-1所

示,以系統管理員 admin 的身分在暢捷通 T3 系統中增加這些操作員。

表 1-1 相關操作員檔案及工作職責

編號	姓名	部門	職務	權限	工作職責	口令
ly01	孔禮	財務部	帳套主管	擁有帳套全部權限	負責基礎檔案設置、總帳系統初始設置、審核各類憑證、編製報表等,並以 admin 的身分負責系統管理	空
ly02	孟義	財務部	會計	擁有總帳(出納簽字、審核憑證除外)、項目管理、往來、核算、應收管理、應付管理、工資和固定資產管理系統的憑證處理以及公用目錄設置權限	負責憑證處理(出納簽字、審核憑證除外)、帳簿查詢、打印、會計檔案資料整理等	空
ly03	李仁	財務部	出納	擁有總帳(出納簽字)和現金管理權限	對收、付款憑證進行出納簽字;管理現金日記帳、銀行日記帳、資金日報、銀行對帳及支票登記簿等	空
ly04	莊智	人事部	經理	擁有工資管理系統的全部權限以及公用目錄設置權限	負責人力資源、薪酬管理	空
ly05	陳誠	資產部	經理	擁有固定資產管理系統的全部權限以及公用目錄設置權限	負責資產管理	空
ly06	劉謙	供應部	經理	擁有採購管理、應付管理的全部權限以及公用目錄設置權限	負責採購管理	空
ly07	魯良	營銷部	經理	擁有銷售管理、應收管理的全部權限以及公用目錄設置權限	負責銷售管理	空
ly08	張恭	倉儲部	經理	擁有庫存管理的全部權限以及公用目錄設置權限	負責倉儲管理	空
ly09	顏讓	生產部	主任	擁有生產管理的全部權限以及公用目錄設置權限	負責生產管理	空

工作導向

步驟 1:在「系統管理」窗口,以系統管理員 admin 的身分註冊;選擇「權限」

「操作員」命令，打開「操作員管理」對話框，如圖1-14所示。

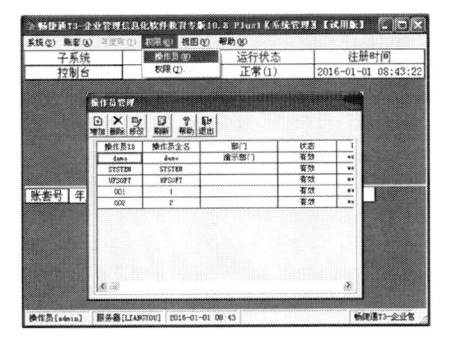

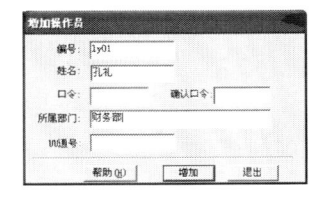

圖1-14

圖1-15

步驟2：單擊「增加」按鈕，打開「增加操作員」對話框。輸入編號「ly01」、姓名「孔禮」和所屬部門「財務部」，如圖1-15所示。

步驟3：單擊「增加」按鈕。

步驟4：重複上述步驟，繼續增加其他操作員，完成後單擊「退出」按鈕。

自主探究

以admin的身分，增加其餘七個操作員。

二、設置操作員權限

任務描述

以admin的身分根據表1-1設置各操作員的權限。

工作導向

步驟1：以系統管理員admin的身分在「系統管理」窗口註冊系統。選擇「權限」|「權限」命令，打開「操作員權限」對話框，選中操作員ly01孔禮所在的行，單擊帳套主管復選框右側的下拉列表倒三角，選擇「[987]良友公司」之後，選中帳套主管復選框，系統彈出提示框，詢問「設置操作員：[ly01]帳套主管權限嗎」，如圖1-16所示。

步驟2：單擊「是」按鈕，「操作員權限」對話框以列表形式顯示出作為帳套主管的操作員ly01孔禮擁有的具體權限，如圖1-17所示。

7

圖1-16　　　　　　　　　　　　　　圖1-17

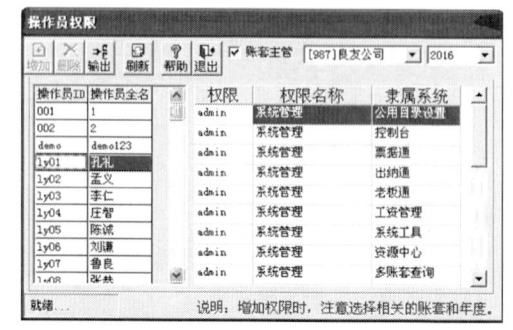

步驟3：在「操作員權限」對話框，繼續選中操作員ly02孟義所在的行。單擊「增加」按鈕，打開「增加權限——[ly02]」對話框。雙擊左側列表框「產品分類選擇」中的「總帳」選項，系統在右側列表框「明細權限選擇」中顯示已增加的權限，其中「出納簽字」和「審核憑證」兩項明細權限因不能向該操作員授權，通過雙擊這兩項加以取消，如圖1-18所示。

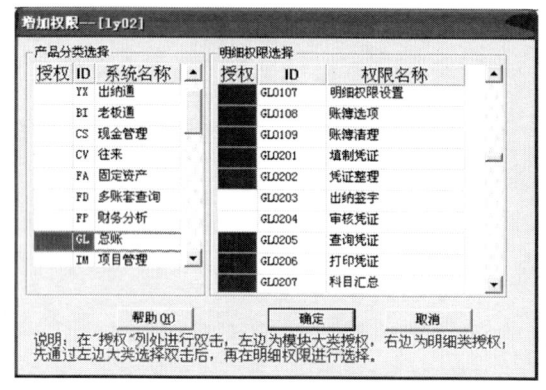

圖1-18

步驟4：再分別雙擊左側列表框「產品分類選擇」中的「公用目錄設置」「往來」「項目管理」「核算」「應收管理」「應付管理」「工資管理」「固定資產」選項。

步驟5：單擊「確定」按鈕。

自主探究

以系統管理員admin的身分完成其餘七個操作員的權限設置。

項目二　基礎檔案設置

目標引領

　　瞭解在暢捷通 T3 條件下進行電算化業務處理需要設置的各類基礎檔案。

　　熟練掌握在 T3 電算化核算條件下，企業機構檔案、客商檔案、財務檔案、收付結算信息、存貨和購銷存檔案等基礎檔案的設置方法。

情境導入

　　良友電子科技有限公司在暢捷通 T3 中已經建立企業帳套，並為該帳套增加了會計崗位及相關崗位的操作員，根據業務分工和崗位職責，也為他們設置了相應的權限。但企業暫時還不能利用計算機及會計軟件系統進行日常會計業務處理，因為建立帳套只是在計算機中形成了一套空數據文件，帳套中還缺少處理日常業務所需要的機構檔案、客商檔案、財務檔案、收付結算信息、存貨和購銷存檔案等基礎檔案信息。接下來的任務就是由帳套主管將這些信息輸入到系統中，作為日常業務處理的基礎數據。

任務一　機構檔案設置

　　機構檔案主要包括企業內設部門檔案和職員檔案兩個方面。其中部門是指與企業財務核算或業務管理相關的職能單位，不一定與企業設置的現實部門完全一致。職員即企業的員工，如管理人員、財務人員、採購人員、銷售人員、生產工人等。設置部門和職員檔案的目的是方便企業有關數據的計算、匯總和分析。

一、部門檔案設置

任務描述

良友電子科技有限公司的部門檔案設置如表2-1所示,以帳套主管孔禮的身分註冊進入系統,在「暢捷通T3－企業管理信息化軟件教育專版」窗口完成部門檔案信息的輸入。

表2-1 部門檔案

部門編碼	部門名稱	部門屬性	負責人
1	企管部	綜合管理	華強
2	財務部	財務管理	孔禮
3	人事部	勞資管理	莊智
4	資產部	資產管理	陳誠
5	供應部	物資採購	劉謙
6	營銷部	市場營銷	魯良
7	倉儲部	物資保管	張恭
8	生產部	產品製造	顏讓
800	車間辦	車間管理	顏讓
801	A生產線	產品加工	秦真
802	B生產線	產品加工	齊善

工作導向

步驟1:選擇「開始」「程序」「暢捷通T3系列管理軟件」「暢捷通T3－企業管理信息化軟件教育專版」「暢捷通T3」命令,打開「註冊【控製臺】」對話框。

步驟2:用戶名輸入「ly01」,密碼為「空」,帳套選擇「[987]良友公司」選項,操作日期為2016－01－01,如圖2-1所示。

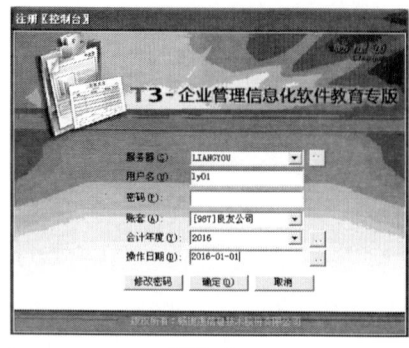

圖2-1

圖2-2

項目二　基礎檔案設置

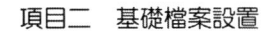

步驟3：單擊「確定」按鈕，打開「暢捷通 T3－企業管理信息化軟件教育專版 10.8Plus1」窗口，如圖 2-2 所示。

步驟4：選擇「基礎設置」│「機構設置」│「部門檔案」命令，打開「部門檔案」對話框，如圖 2-3 所示。

圖2-3

步驟5：單擊「增加」按鈕，輸入部門編碼「1」、部門名稱「企管部」，單擊「保存」按鈕，如圖 2-4 所示。

圖2-4

11

自主探究

以帳套主管孔禮的身分增加其他部門檔案信息。

二、職員檔案設置

任務描述

良友電子科技有限公司的職員檔案信息如表 2-2 所示，以帳套主管孔禮的身分完成職員檔案信息的輸入。

表 2-2　職員檔案

編號	姓名	部門	職員屬性
101	華強	企管部	經理
201	孔禮	財務部	主管
202	孟義	財務部	會計
203	李仁	財務部	出納
301	莊智	人事部	經理
401	陳誠	資產部	經理
501	劉謙	供應部	經理
601	魯良	營銷部	經理
701	張恭	倉儲部	經理
702	曾檢	倉儲部	倉管
801	顏讓	車間辦	經理
802	秦真	A 生產線	工人
803	齊善	B 生產線	工人

工作導向

步驟 1：在暢捷通 T3 主窗口，選擇「基礎設置」「機構設置」「職員檔案」命令，打開「職員檔案」窗口。

步驟 2：輸入職員編號「101」，職員名稱「華強」，職員助記碼「HQ」自動生成；雙擊「所屬部門」，出現「參照」按鈕，單擊「參照」按鈕，打開「部門參照」對話框，選擇「企管部」，職員屬性輸入「經理」。

步驟 3：單擊「經理」之外任意處，激活「增加」按鈕。單擊「增加」按鈕，繼續輸

項目二　基礎檔案設置

入職員編碼「201」，職員名稱「孔禮」等信息，如圖 2-5 所示。

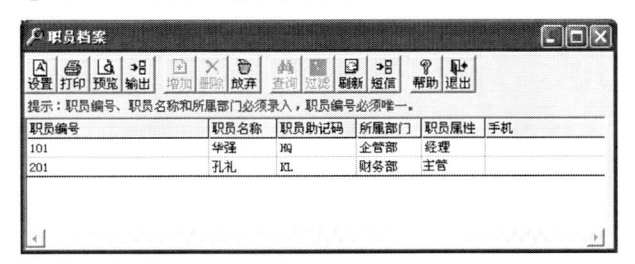

圖2-5

自主探究

以帳套主管孔禮的身分增加其他職員的檔案信息。

任務二　往來單位檔案設置

往來單位檔案包括客戶分類、客戶檔案、供應商分類、供應商檔案和地區分類共五項檔案。當企業的往來客商較多時，可以按照某種分類標準對客商進行分類管理。同時，根據企業的經營情況，還可以考慮對客戶和供應商的地區分佈進行分類。

一、客戶、供應商和地區分類設置

任務描述

良友電子科技有限公司的客戶和供應商均較多，建帳時選擇了「客戶分類」和「供應商分類」，具體內容如表 2-3 和表 2-4 所示，並且公司的客戶和供應商的地區分佈也需要分類，如表 2-5 所示。以帳套主管孔禮的身分，完成客戶分類、供應商分類和地區分類檔案設置。

表 2-3　客戶分類

客戶分類編碼	客戶分類名稱
1	經銷商
101	批發商
102	零售商
2	網路公司
3	其他

表2-4 供應商分類

供應商分類編碼	供應商分類名稱
1	工業
2	商業
201	實體店
202	網店
3	其他

表2-5 地區分類

地區分類編碼	地區分類名稱
1	本省
101	鄭州市
102	其他市
2	外省
201	北方
202	南方

工作導向

步驟1：選擇「基礎設置」|「往來單位」|「客戶分類」命令，打開「客戶分類」窗口。在窗口右側的「類別編碼」文本框中輸入「1」，「類別名稱」文本框中輸入「經銷商」，如圖2-6所示。

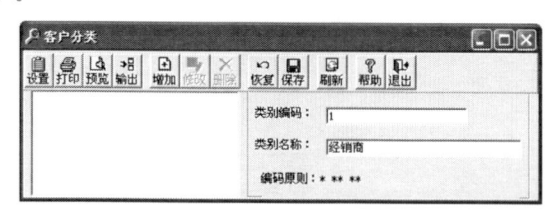

圖2-6

步驟2：單擊「保存」按鈕，在窗口左側出現保存的結果。在右側的「類別編碼」文本框中繼續輸入「101」，在「類別名稱」文本框中輸入「批發商」，然後單擊「保存」按鈕，在窗口左側以樹形目錄方式顯現保存結果。如圖2-7所示。

項目二 基礎檔案設置

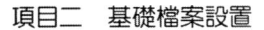

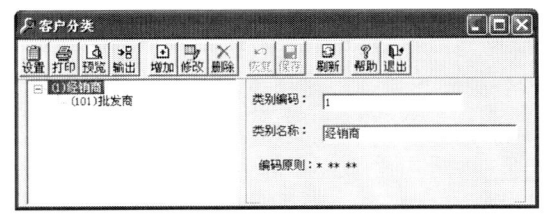

图2-7

步驟3:依次輸入其他信息,然後單擊「退出」按鈕退出。

自主探究

以帳套主管孔禮的身分完成其餘客戶分類、供應商分類和地區分類檔案設置。

二、客戶和供應商檔案設置

任務描述

良友電子科技有限公司的客戶和供應商檔案信息如表2-6和表2-7所示,以帳套主管孔禮的身分登錄並完成設置。

表2-6 客戶檔案

編號	客戶名稱	簡稱	所屬分類碼	所屬地區分類碼	稅號	開戶銀行	帳號	分管部門	專營業務員
001	鄭州冠邦電腦科技公司	鄭州冠邦	2	101	41010123456789	農行龍子湖支行	111111111111	營銷部	魯良
002	廣州中天計算機商貿有限公司	廣州中天	101	202	60101234567890	工行五羊支行	222222222222	營銷部	魯良
003	洛陽九都電子科技公司	洛陽九都	102	102	41022345678901	農行白馬支行	333333333333	營銷部	魯良

表2-7 供應商檔案

編號	供應商名稱	簡稱	所屬分類碼	所屬地區分類碼	稅號	開戶銀行	帳號	分管部門	專營業務員
001	鄭州德勤電子有限公司	鄭州德勤	201	101	41013456789012	建行伏牛支行	444444444444	供應部	劉謙
002	北京富康計算機配件經銷公司	北京富康	202	201	10014567890123	農行西單支行	555555555555	供應部	劉謙
003	中原通達速遞有限公司	中原通達	3	101	41015678901234	交行龍湖支行	666666666666	供應部	劉謙

15

續　表

編號	供應商名稱	簡稱	所屬分類碼	所屬地區分類碼	稅號	開戶銀行	帳號	分管部門	專營業務員
004	中原大唐電力供應有限公司	中原大唐	3	101	41016789012345	工行鄭東新區支行	777777777777	供應部	劉謙
005	南陽世通電子設置有限公司	南陽世通	1	102	41267890123456	工行臥龍支行	888888888888	供應部	劉謙
006	開封龍亭包裝彩印有限公司	開封龍亭	1	102	45648901231267	工行龍亭支行	999999999999	供應部	劉謙

工作導向

步驟1：選擇「基礎設置」｜「往來單位」｜「客戶檔案」命令，打開「客戶檔案」窗口。

步驟2：在左側的列表框中選擇「2 網路公司」，單擊「增加」按鈕，打開「客戶檔案卡片」對話框。在「客戶編號」文本框中輸入001，在「客戶名稱」文本框中輸入「鄭州冠邦電腦科技公司」，在「客戶簡稱」文本框中輸入「鄭州冠邦」，助記碼自動生成，按資料輸入其他相關信息，如圖2-8所示。

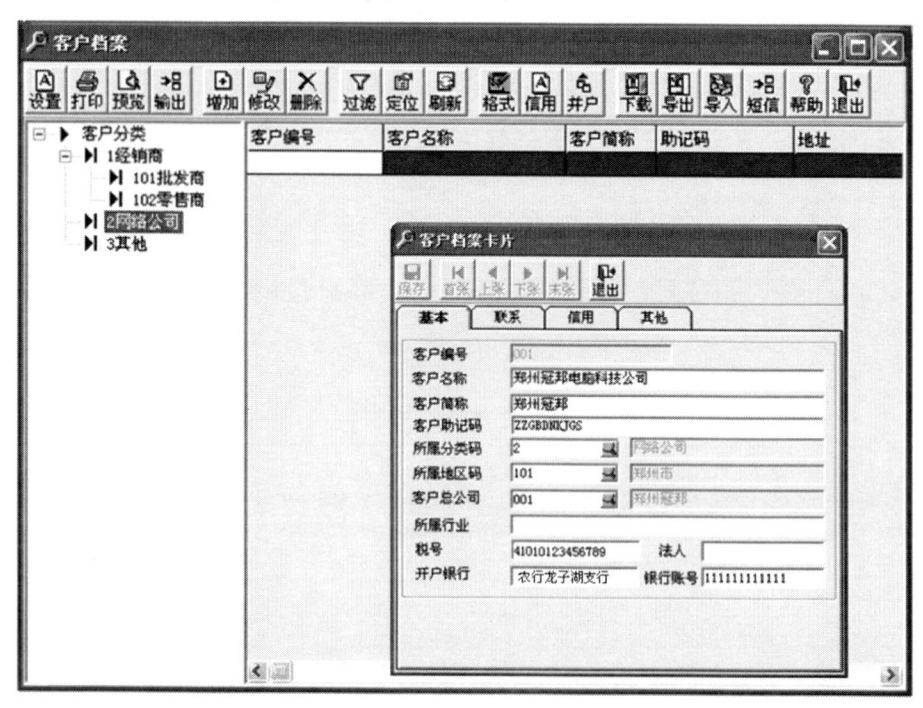

圖2-8

步驟3:單擊「其他」選項卡,按資料要求通過 🔍 按鈕選擇「分管部門」與「專營業務員」,發展日期為2015－12－01,然後單擊「保存」按鈕,如圖2-9所示。

步驟4:按資料輸入其他客戶檔案信息。輸入完畢後單擊「退出」按鈕退出。

圖2-9

自主探究

以帳套主管孔禮的身分輸入其他客戶以及供應商的檔案信息。

任務三　財務檔案設置

財務檔案設置主要包括外幣種類、會計科目、項目目錄和憑證類別設置等。

一、外幣種類設置

任務描述

良友電子科技有限公司平時會涉及美元($)、歐元(€)和英鎊(£)等外幣業務,公司採用固定匯率對所有外幣進行核算。2016年1月初,三種外幣的匯率分別為 $1＝￥6.425,00,€1＝￥7.052,20,£1＝￥9.569,40。以帳套主管孔禮的身分登錄來完成外幣種類設置。

工作導向

步驟1:選擇「基礎設置」|「財務」|「外幣種類」命令,打開「外幣設置」對話框。

步驟2：在相應文本框中輸入幣符「$」、幣名「美元」，其他項目採用默認值，單擊「確認」按鈕。

步驟3：輸入2016年1月初的記帳匯率6.425,00，按回車鍵確認，如圖2-10所示。

圖2-10

步驟4：單擊「增加」按鈕，完成其餘外幣設置。

自主探究

以帳套主管孔禮的身分重新設置一遍外幣信息。

二、會計科目設置

任務描述

良友電子科技有限公司需要設置的會計科目如表2-8所示，以帳套主管孔禮的身分登錄來完成相關科目的設置。

表2-8 良友電子科技有限公司常用的會計科目

科目編號及名稱	輔助核算	方向	幣別 計量
庫存現金(1001)	日記帳	借	
銀行存款(1002)	銀行帳、日記帳	借	
中行存款(100201)	銀行帳、日記帳	借	
人民幣戶(10020101)	銀行帳、日記帳	借	

續　表

科目編號及名稱	輔助核算	方向	幣別	計量
美元戶(10020102)	銀行帳、日記帳	借	美元	
歐元戶(10020103)	銀行帳、日記帳	借	歐元	
英鎊戶(10020104)	銀行帳、日記帳	借	英鎊	
其他貨幣資金(1012)		借		
銀行匯票存款(101201)		借		
應收票據(1121)	客戶往來、受控應收系統	借		
應收帳款(1122)	客戶往來、受控應收系統	借		
預付帳款(1123)	供應商往來、受控應付系統	借		
其他應收款(1221)		借		
備用金(122101)	部門核算	借		
應收職工個人款(122102)	個人往來	借		
其他應收及暫付款(122103)		借		
週轉材料(1411)		借		
包裝物(141101)		借		
固定資產(1601)		借		
累計折舊(1602)		貸		
短期借款(2001)		貸		
工行借款(200101)		貸		
應付票據(2201)	供應商往來、受控應付系統	貸		
應付帳款(2202)		貸		
應付貨款(220201)	供應商往來、受控應付系統	貸		
暫估應付款(220202)	供應商往來、無受控系統	貸		
預收帳款(2203)	客戶往來、受控應收系統	貸		
應付職工薪酬(2211)		貸		
工資(221101)		貸		
職工福利費(221102)		貸		
工會經費(221103)		貸		
職工教育經費(221104)		貸		
社會保險費(221105)		貸		

續　表

科目編號及名稱	輔助核算	方向	幣別 計量
醫療保險(22110501)		貸	
工傷保險(22110502)		貸	
生育保險(22110503)		貸	
住房公積金(221106)		貸	
設定提存計劃(221107)		貸	
基本養老保險(22110701)		貸	
失業保險(22110702)		貸	
應交稅費(2221)		貸	
應交增值稅(222101)		貸	
進項稅額(22210101)		貸	
銷項稅額(22210102)		貸	
已交稅金(22210103)		貸	
進項稅額轉出(22210104)		貸	
應交城市維護建設稅(222102)		貸	
應交教育費附加(222103)		貸	
應交地方教育費附加(222104)		貸	
應交企業所得稅(222105)		貸	
應交個人所得稅(222106)		貸	
未交增值稅(222107)		貸	
其他應付款(2241)		貸	
職工個人應交社會保險費(224101)		貸	
基本養老保險(22410101)		貸	
醫療保險(22410102)		貸	
失業保險(22410103)		貸	
職工個人應交住房公積金(224102)		貸	
其他應付及暫收款(224103)		貸	
實收資本(4001)		貸	
資本公積(4002)		貸	
盈餘公積(4101)		貸	

續　表

科目編號及名稱	輔助核算	方向	幣別 計量
利潤分配(4104)		貸	
未分配利潤(410401)		貸	
提取法定盈餘公積(410402)		借	
提取任意盈餘公積(410403)		借	
應付現金股利(410404)		借	
生產成本(5001)		借	
直接材料(500101)	項目核算	借	
直接人工(500102)	項目核算	借	
直接動力費(500103)	項目核算	借	
製造費用(500104)	項目核算	借	
製造費用(5101)		借	
人工費(510101)		借	
辦公費(510102)		借	
折舊費(510103)		借	
低值易耗品攤銷(510104)		借	
機物料消耗(510105)		借	
水電費(510106)		借	
其他(510107)		借	
製造費用轉出(510108)		借	
銷售費用(6601)		借	
工資(660101)		借	
職工福利費(660102)		借	
工會經費(660103)		借	
職工教育經費(660104)		借	
社會保險費(660105)		借	
住房公積金(660106)		借	
辦公費(660107)		借	
差旅費(660108)		借	
廣告費(660109)		借	

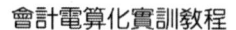

續　表

科目編號及名稱	輔助核算	方向	幣別 計量
折舊費（660110）		借	
水電費（660111）		借	
其他（660112）		借	
管理費用（6602）		借	
工資（660201）		借	
職工福利費（660202）		借	
工會經費（660203）		借	
職工教育經費（660204）		借	
社會保險費（660205）		借	
住房公積金（660206）		借	
辦公費（660207）	部門核算	借	
差旅費（660208）	部門核算	借	
招待費（660209）		借	
折舊費（660210）		借	
水電費（660211）		借	
其他（660212）		借	
財務費用（6603）		借	
利息費用（660301）		借	
手續費（660302）		借	
現金折扣（660303）		借	
匯兌損益（660304）		借	

工作導向

1. 增加會計科目

（1）增加一般會計科目。

步驟1：選擇「基礎設置」｜「財務」｜「會計科目」命令，打開「會計科目」窗口。

步驟2：單擊「增加」按鈕，打開「會計科目_新增」對話框。

步驟3：輸入科目編碼「100201」、科目中文名稱「中行存款」，選中「日記帳」與「銀行帳」復選框，如圖2-11所示。然後單擊「確定」按鈕保存。

步驟4：根據資料增加其他相關會計科目。

項目二　基礎檔案設置

(2)增加有輔助核算項目的科目。

步驟1：增加的科目有外幣核算時，需選中「外幣核算」復選框，並選擇幣種。在「會計科目_新增」對話框中輸入科目編碼「10020102」、科目中文名稱「美元戶」，選中「外幣核算」復選框，幣種選擇「美元＄」，如圖2-12所示。然後單擊「確定」按鈕保存。

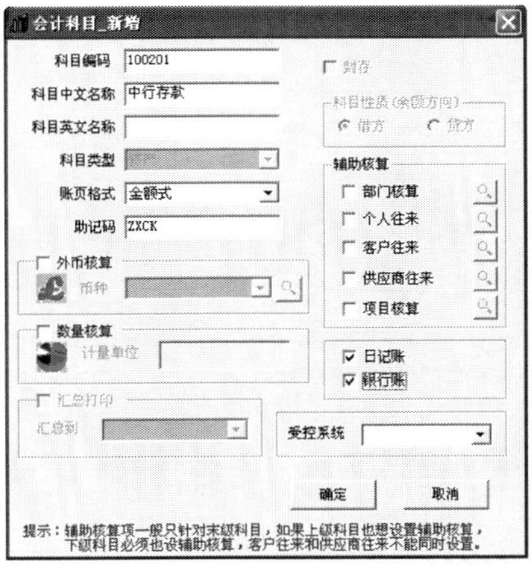

圖2-11　　　　　　　　　　　　　圖2-12

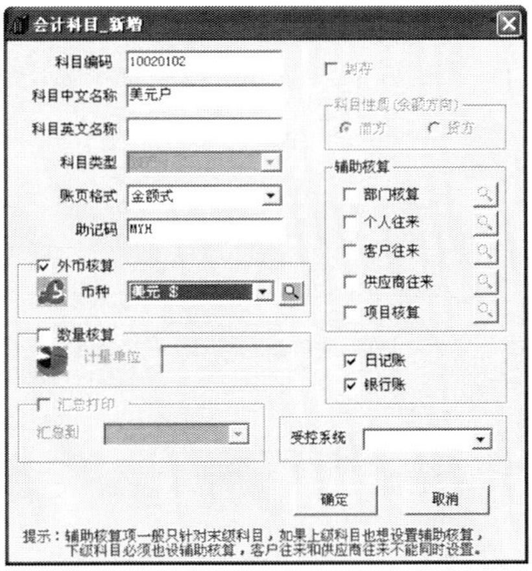

步驟2：增加的科目有輔助核算項目時，需進行相應的選擇或設置。例如按照資料輸入「122101」及「備用金」科目，選中「輔助核算」選項組中的「部門核算」復選框，如圖2-13所示。然後單擊「確定」按鈕保存。

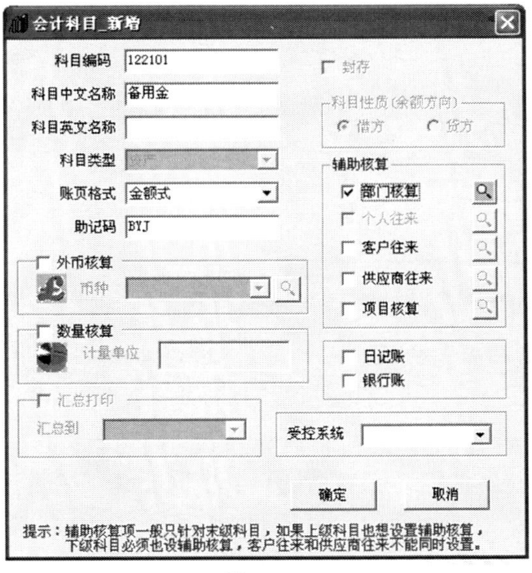

圖2-13

23

(3)成批複製會計科目。

步驟1：按照資料增加銷售費用(6601)下的明細科目。

步驟2：在「會計科目」窗口中，選擇「編輯」|「成批複製」命令，打開「成批複製」對話框。

步驟3：輸入複製源科目編碼6601和目標科目編碼6602，不選中「輔助核算」復選框，如圖2-14所示。

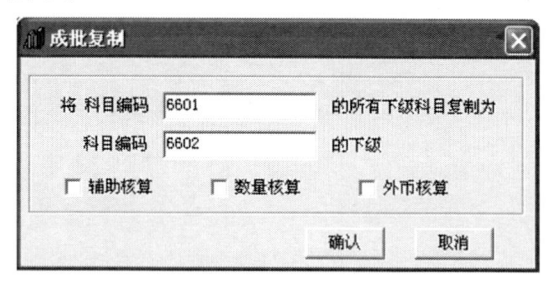

圖2-14

步驟4：單擊「確認」按鈕，系統自動將6601科目下的會計科目複製到6602科目下，如圖2-15所示。

圖2-15

步驟5：將6602科目下與6601科目下名稱不同的明細科目廣告費(660209)改為招待費(660209)。

2.指定會計科目

步驟1：在「會計科目」窗口中，選擇「編輯」|「指定科目」命令，打開「指定科

項目二　基礎檔案設置

目」對話框。

步驟2：選中「現金總帳科目」單選按鈕，從「待選科目」列表框中選擇「1001庫存現金」科目，單擊「＞」按鈕，將現金科目添加到「已選科目」列表框中，如圖2-16所示。然後單擊「確認」按鈕保存。

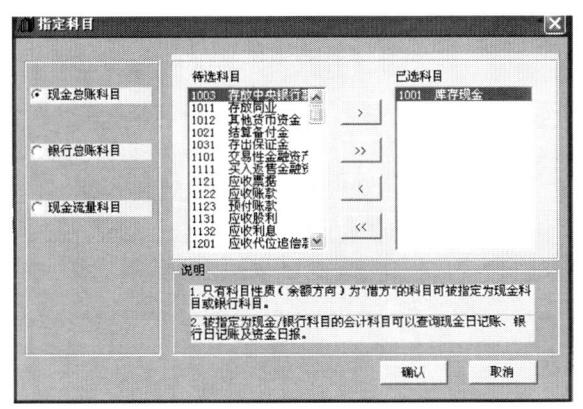

圖2-16

自主探究

以帳套主管孔禮的身分完成表2-8所列其他會計科目的增加工作，並指定「銀行存款」科目為「銀行總帳科目」。

三、項目目錄設置

任務描述

良友電子科技有限公司所生產的產品更新換代較快，為了減少「生產成本」科目下的明細科目數量，公司對生產成本的具體項目實行項目輔助核算，以項目目錄替代以產品的品種、規格命名的明細科目。根據表2-9所提供的信息，以帳套主管孔禮的身分完成定義項目目錄的設置工作。

表2-9　項目目錄

項目大類	核算科目				項目分類		項目目錄	
					編號	名稱	編號	名稱
產品生產	直接材料（500101）	直接人工（500102）	直接動力費（500103）	製造費用（500104）	1	計算機生產	01	LY50－90A臺式計算機
							02	LY50－90B臺式計算機

25

工作導向

步驟1：選擇「基礎設置」|「財務」|「項目目錄」命令，打開「項目檔案」對話框。

步驟2：單擊「增加」按鈕，打開「項目大類定義_增加」對話框。

步驟3：輸入新項目大類名稱「產品生產」，選擇新增項目大類的屬性「普通項目」，如圖2-17所示。

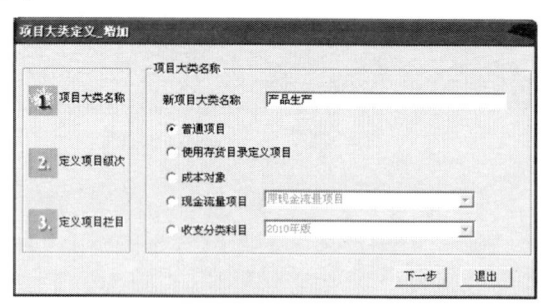

圖2-17

步驟4：單擊「下一步」按鈕，在打開的「定義項目級次」對話框中，設置項目級次為一級1位，如圖2-18所示。

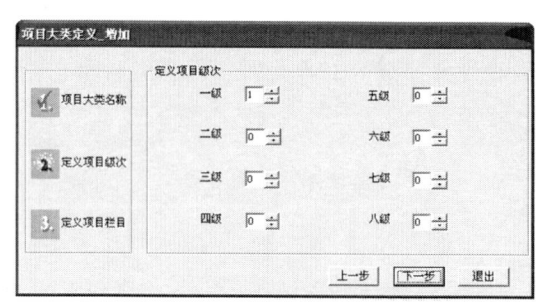

圖2-18

步驟5：單擊「下一步」按鈕，打開「定義項目欄目」對話框，如圖2-19所示。取系統默認設置，不做修改。然後單擊「完成」按鈕，返回「項目檔案」窗口。

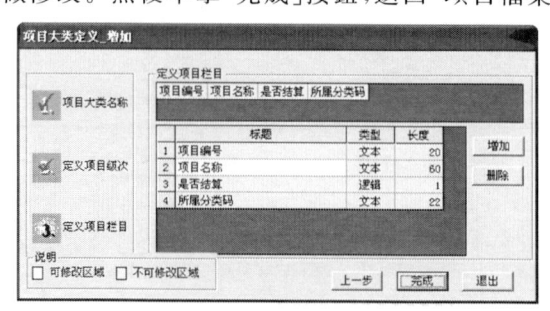

圖2-19

項目二　基礎檔案設置

步驟6：從「項目大類」下拉列表中選擇「產品生產」項目，再選中「核算科目」單選按鈕，單擊 ≫ 按鈕，將全部待選科目移至已選科目，如圖2-20所示。然後單擊「確定」按鈕保存。

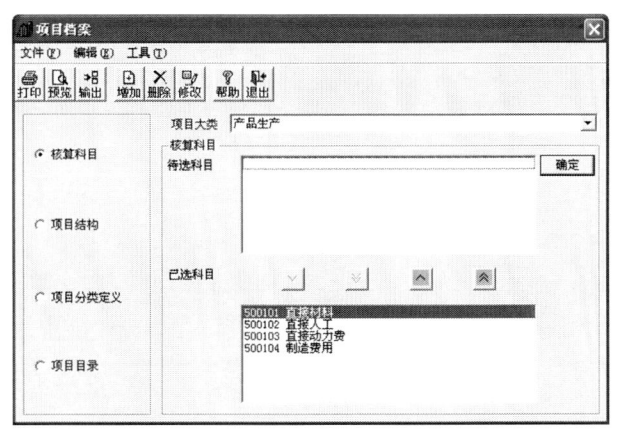

圖2-20

步驟7：選中「項目分類定義」單選按鈕，輸入分類編碼「1」、分類名稱「產品生產」，單擊「確定」按鈕，如圖2-21所示。

步驟8：選中「項目目錄」單選按鈕，單擊「維護」按鈕，打開「項目目錄維護」對話框。單擊「增加」按鈕，按照資料輸入項目目錄信息。按回車鍵保存，如圖2-22所示。然後單擊「退出」按鈕退出。

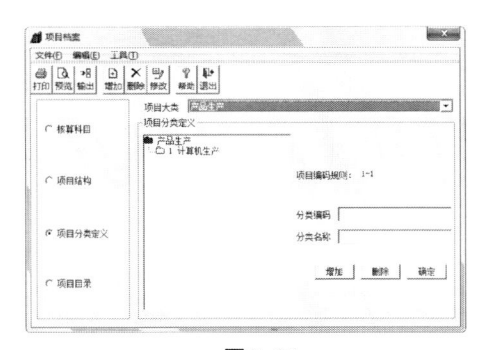

圖2-21　　　　　　　　　　圖2-22

自主探究

以帳套主管孔禮的身分登錄，按照步驟完成項目目錄設置工作。

四、憑證類別設置

任務描述

良友電子科技有限公司的憑證類別信息如表 2-10 所示,以帳套主管孔禮的身分完成憑證類別的設置。

表 2-10 憑證類別

憑證分類	限制類型	限制科目
收款憑證	借方必有	1001,1002
付款憑證	貸方必有	1001,1002
轉帳憑證	憑證必無	1001,1002

工作導向

步驟 1:選擇「基礎設置」|「財務」|「憑證類別」命令,打開「憑證類別預置」對話框。

步驟 2:選中「收款憑證 付款憑證 轉帳憑證」單選框,如圖 2-23 所示。

步驟 3:單擊「確定」按鈕,打開「憑證類別」對話框。

步驟 4:雙擊收款憑證的「限制類型」,出現下拉列表,選擇「借方必有」選項,然後通過 🔍 選擇或者輸入限制科目「1001,1002」。完成後,如圖 2-24 所示。

步驟 5:用同樣的方法,設置完成其他限制類型和限制科目。單擊「退出」按鈕退出。

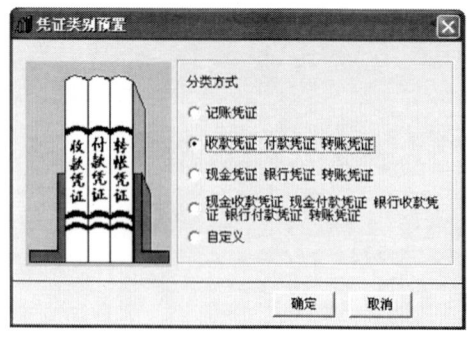

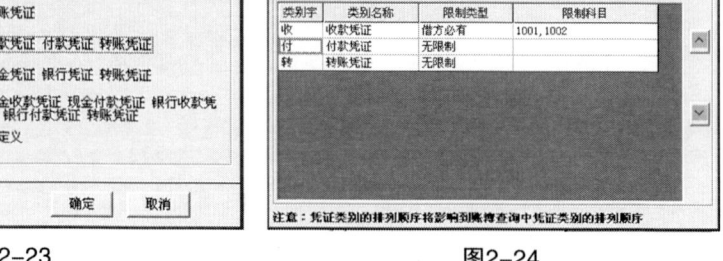

圖2-23

圖2-24

自主探究

以帳套主管孔禮的身分登錄並設置完成其他憑證類別限制類型和限制科目。

任務四　收付結算信息設置

收付結算信息設置主要包括結算方式設置、付款條件設置和開戶銀行設置等。

一、結算方式設置

任務描述

良友電子科技有限公司在日常經營中用到的結算方式信息如表 2-11 所示，以帳套主管孔禮的身分完成這些結算方式的設置工作。

表 2-11　結算方式

結算方式編碼	結算方式名稱	票據管理
1	現金結算	否
2	支票結算	否
201	現金支票	是
202	轉帳支票	是
3	本票	否
4	銀行匯票	否
5	商業匯票	否
501	商業承兌匯票	否
502	銀行承兌匯票	否
6	匯兌	否
601	電匯	否
602	信匯	否
603	網銀電子匯兌	否
7	委託收款	否
8	托收承付	否
9	信用卡	否

工作導向

步驟1：選擇「基礎設置」|「收付結算」|「結算方式」命令，打開「結算方式」窗口。

步驟2：單擊「增加」按鈕，按要求輸入企業常用的結算方式，再單擊「保存」按鈕保存。若需要進行票據管理，則選中「票據管理標誌」復選框。輸入完畢後，如圖2-25所示。後單擊「退出」按鈕退出。

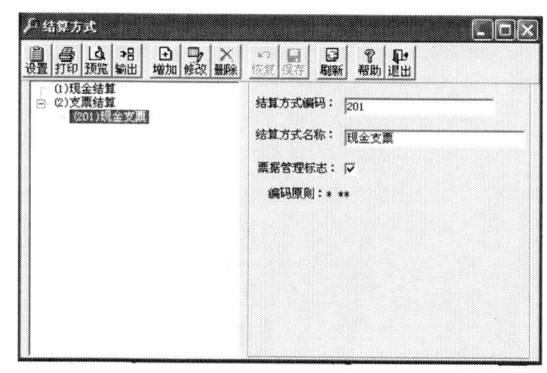

圖2-25

自主探究

以帳套主管孔禮的身分完成表2-11所列其他結算方式的工作。

二、付款條件設置

任務描述

良友電子科技有限公司在日常購銷業務中常用到的付款條件如表2-12所示（即現金折扣條件），以帳套主管孔禮的身分完成對這些付款條件的設置。

表2-12 付款條件

編碼	信用天數	優惠天數1	優惠率1(％)	優惠天數2	優惠率2(％)	優惠天數3	優惠率3(％)
01	30	5	2	15	1		
02	45	5	2	20	1.5	35	1
03	60	5	3	30	2	45	1

項目二　基礎檔案設置

工作導向

步驟1：選擇「基礎設置」|「收付結算」|「付款條件」命令，打開「付款條件」窗口。

步驟2：按照表2-12所示的資料輸入付款條件信息，單擊「增加」按鈕或者按回車鍵至下一行保存，如圖2-26所示。

步驟3：全部輸入完畢後，單擊「刷新」按鈕，然後單擊「退出」按鈕退出。

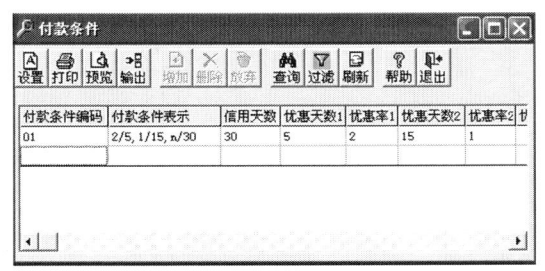

圖2-26

自主探究

以帳套主管孔禮的身分登錄，增加其他付款條件信息。

三、開戶銀行設置

任務描述

良友電子科技有限公司的開戶銀行信息是：編碼為01，名稱為中國銀行鄭州經濟技術開發區支行，帳號為6906231798036901472753，暫封標誌「否」。以帳套主管孔禮的身分完成對這些信息的設置。

工作導向

步驟1：選擇「基礎設置」|「收付結算」|「開戶銀行」命令，打開「開戶銀行」窗口。

步驟2：按資料輸入開戶銀行信息，單擊「增加」按鈕保存，如圖2-27所示。然後單擊「退出」按鈕退出。

图2-27

任務五　存貨和購銷存檔案設置

存貨檔案設置包括存貨分類設置和存貨檔案設置，購銷存檔案設置包括倉庫檔案設置、存貨收發類別設置、採購類型設置、銷售類型設置、產品結構設置等。

一、存貨分類設置

任務描述

良友電子科技有限公司存貨類別如表2-13所示，以帳套主管孔禮的身分完成存貨分類的輸入工作。

表2-13　存貨類別

存貨類別編碼	存貨類別名稱
01	原材料
02	週轉材料
03	產成品
04	勞務費用

工作導向

步驟1：選擇「基礎設置」「存貨」「存貨分類」命令。

步驟2：單擊「增加」按鈕，類別編碼輸入「01」，類別名稱輸入「原材料」，單擊「保存」按鈕。

自主探究

以帳套主管孔禮的身分錄入增加其他存貨分類的信息。

二、存貨檔案設置

任務描述

良友電子科技有限公司存貨檔案如表 2-14 所示，以帳套主管孔禮的身分完成存貨檔案的輸入工作。

表 2-14　存貨檔案

編碼	存貨名稱	規格型號	計量單位	所屬分類	稅率	存貨屬性	參考成本 元
101	AMD-CPU	速龍 II X2,245	個	01	17%	外購、生產耗用	670.00
102	INTEL-CPU	Core i5,4590	個	01	17%	外購、生產耗用	950.00
103	銘瑄主板	MS-M3A785G	個	01	17%	外購、生產耗用	398.00
104	技嘉主板	GA-MA770T-UD3P	個	01	17%	外購、生產耗用	609.00
105	威剛內存	2GB DDR3,1333	個	01	17%	外購、生產耗用	345.00
106	金士頓內存	4G DDR3,1600	個	01	17%	外購、生產耗用	120.00
107	影馳顯卡	GT520 戰狐 D3	個	01	17%	外購、生產耗用	350.00
108	雙敏顯卡	HD5750 DDR5	個	01	17%	外購、生產耗用	599.00
109	希捷硬盤 1	1TB SATA2,32M	個	01	17%	外購、生產耗用	555.00
110	希捷硬盤 2	500GB 7200.12,16M	個	01	17%	外購、生產耗用	360.00
111	康舒電源	IP-430	個	01	17%	外購、生產耗用	209.00
112	酷冷至尊電源	RS-400-PCAP-A3	個	01	17%	外購、生產耗用	199.00
113	長城機箱	W-08	個	01	17%	外購、生產耗用	128.00
114	撒哈拉機箱	GL6 經典版	個	01	17%	外購、生產耗用	135.00
115	三星顯示器	S22E390H 21.5	個	01	17%	外購、生產耗用	609.00
116	長城顯示器	L2172WS 20.7	個	01	17%	外購、生產耗用	539.00
117	羅技鍵盤	K100	個	01	17%	外購、生產耗用	45.00
118	雷柏鍵盤	V500	個	01	17%	外購、生產耗用	129.00
119	羅技鼠標	M100r	個	01	17%	外購、生產耗用	49.00
120	華碩鼠標	UT220	個	01	17%	外購、生產耗用	42.00
201	A 型機包裝箱		套	02	17%	外購、生產耗用	9.00

續　表

編碼	存貨名稱	規格型號	計量單位	所屬分類	稅率	存貨屬性	參考成本 元
202	B型機包裝箱		套	02	17%	外購、生產耗用	8.00
301	A型計算機	LY50－90A	臺	03	17%	自制、銷售	4,242.95
302	B型計算機	LY50－90B	臺	03	17%	自制、銷售	2,903.38
401	專用發票運費		元	04	11%	勞務費用	
402	普通發票運費		元	04	3%	勞務費用	

工作導向

步驟1：選擇「基礎設置」｜「存貨」｜「存貨檔案」命令，打開「存貨檔案」窗口，如圖2-28所示。

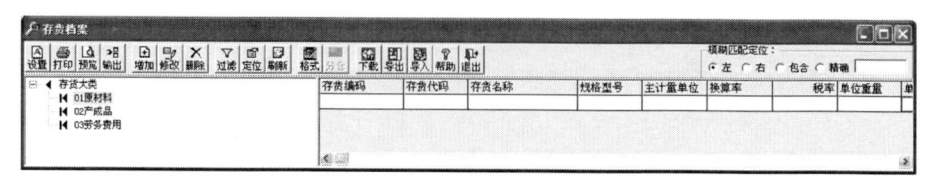

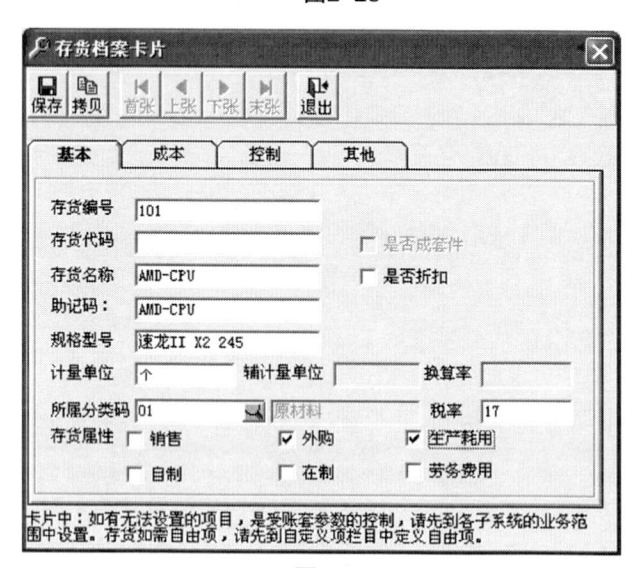

圖2-28

圖2-29

步驟2：選中存貨類別的末級如「原材料」，單擊「增加」按鈕，打開存貨檔案卡片。

步驟3：選擇存貨檔案卡片的「基本」選項卡，根據表2-14所示的資料，依次輸入存貨編號「101」，存貨名稱「AMD－CPU」，規格型號「速龍 II X2,245」，計量單位「個」，所屬分類「01」，稅率「17」，存貨屬性選擇「外購」和「生產耗用」，如圖2-29所示；選擇「成本」選項卡，輸入參考成本「670」。

步驟4：單擊「保存」按鈕。繼續增加其他存貨檔案信息。

自主探究

以帳套主管孔禮的身分錄入增加其他存貨的檔案信息。

三、倉庫檔案設置

任務描述

良友電子科技有限公司倉庫檔案如表2-15所示，以帳套主管孔禮的身分完成倉庫檔案的輸入工作。

表2-15　倉庫檔案

倉庫編碼	倉庫名稱	所屬部門	負責人	計價方式
1	材料庫	倉儲部	張恭	全月平均法
2	成品庫	倉儲部	曾檢	先進先出法

工作導向

步驟1：選擇「基礎設置」｜「購銷存」｜「倉庫檔案」命令，打開「倉庫檔案」對話框，如圖2-30所示。

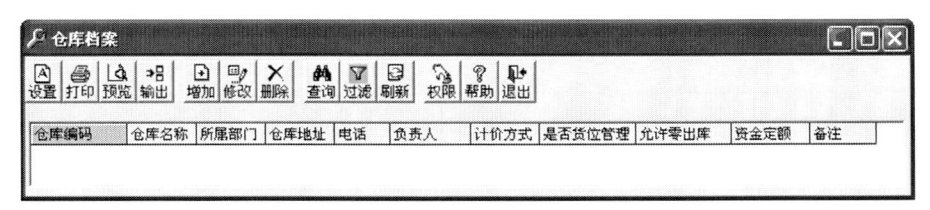

圖2-30

步驟2：單擊「增加」按鈕，打開「倉庫檔案卡片」，根據資料依次輸入倉庫編碼「1」，倉庫名稱「材料庫」，所屬部門選擇「倉儲部」，負責人選擇「張恭」，計價方式選擇「全月平均法」，如圖2-31所示。

步驟3：單擊「保存」按鈕，繼續輸入其他倉庫檔案卡片。

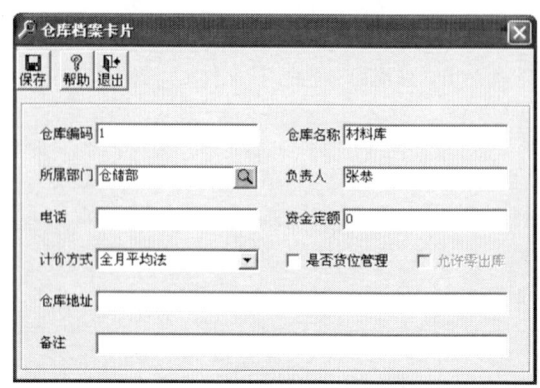

图2-31

自主探究

以帳套主管孔禮的身分錄入增加其他倉庫檔案信息。

四、收發類別設置

任務描述

良友電子科技有限公司收發類別如表2-16所示,以帳套主管孔禮的身分完成收發類別的輸入工作。

表 2-16 收發類別

收發類別編碼	收發類別名稱	收發標誌	收發類別編碼	收發類別名稱	收發標誌
1	入庫類別	收	2	出庫類別	發
11	採購入庫	收	21	銷售出庫	發
12	產成品入庫	收	22	材料領用出庫	發

工作導向

步驟1:選擇「基礎設置」「購銷存」「收發類別」命令,打開「收發類別」窗口,如圖2-32所示。

項目二　基礎檔案設置

圖2-32

步驟2：由於表2-16所列示入庫類別和出庫類別已全部包含在窗口左側樹形目錄中系統自帶的收發類別中，所以不需要再進行增加。

五、採購和銷售類型設置

任務描述

良友電子科技有限公司採購、銷售類型如表2-17所示，以帳套主管孔禮的身分完成採購、銷售類型的設置工作。

表2-17　採購、銷售類型

採購類型編碼	採購類型名稱	入庫類別	是否默認值
1	材料採購	採購入庫	是
2	商品採購	採購入庫	否
銷售類型編碼	銷售類型名稱	出庫類別	是否默認值
1	批發	銷售出庫	是
2	零售	銷售出庫	否

工作導向

步驟1：選擇「基礎設置」「購銷存」「採購類型」命令，打開「採購類型」窗口，如圖2-33所示。

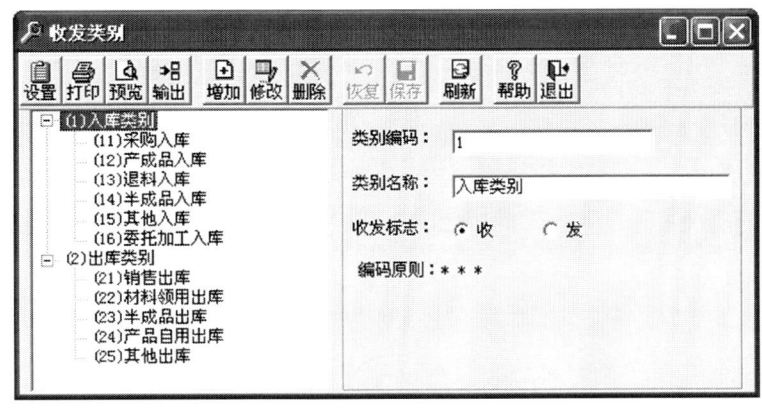

圖2-33

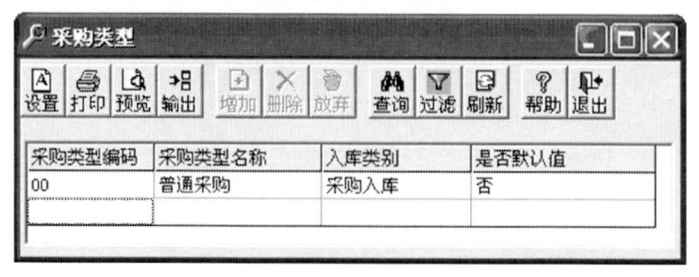

步驟2：選中系統自帶的採購類型編碼「00」，將其修改為「1」，採購類型名稱「普通採購」修改為「材料採購」，入庫類別「採購入庫」不變，是否默認值改為「是」，如圖2-34所示。

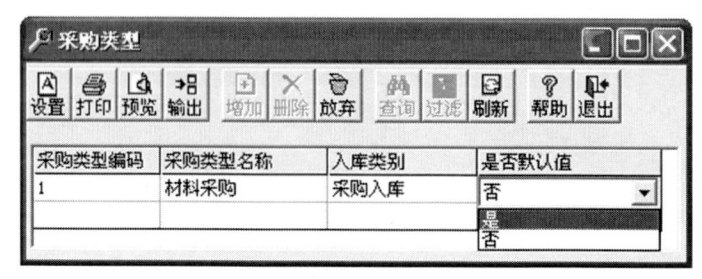

圖2-34

步驟3：單擊「增加」按鈕，繼續輸入其他採購、銷售類型信息。

自主探究

以帳套主管孔禮的身分錄入增加其他採購、銷售類型信息。

項目三　子系統初始設置

目標引領

瞭解總帳管理系統、工資管理系統、固定資產管理系統和購銷管理系統初始設置的基本內容。

理解各個子系統的基本初始設置項目對使用會計軟件處理日常業務的作用。

熟練掌握各個子系統初始設置的上機操作方法。

情境導入

良友電子科技有限公司在暢捷通 T3 中已經建立了企業帳套，增加了會計崗位及相關崗位的操作員，為他們設置了相應的權限，並在帳套中設置了電算化條件下處理業務所需要的機構檔案、客商檔案、財務檔案、收付結算信息、存貨和購銷存檔案等基礎檔案信息。但是企業暫時仍不能處理日常業務，因為會計軟件用來處理日常業務的子系統級還有待進行初始設置。

任務一　總帳管理系統初始設置

總帳管理系統是會計軟件系統的核心模塊，其初始設置主要包括總帳參數設置、明細權限設置、總帳期初餘額錄入等。

一、總帳參數設置

任務描述

良友電子科技有限公司總帳控製參數的規定如表 3-1 所示，以帳套主管孔禮

的身分註冊系統，在「暢捷通 T3－企業管理信息化軟件教育專版10.8Plus1」窗口完成各項參數設置。

表 3-1　總帳控製參數

選項卡	參數設置
憑證	支票控製，資金及往來赤字控製，可以使用其他系統受控科目，打印憑證頁腳姓名，出納憑證必須經出納簽字，憑證編號由系統編號，外幣核算採用固定匯率
帳簿	帳簿打印位數、每頁打印行數按軟件默認的標準，明細帳打印按年排頁
會計日曆	會計日曆為 1 月 1 日—12 月 31 日
其他	數量小數位和單價小數位設為 2 位，部門、個人、項目按編碼方式排序

工作導向

步驟 1：以帳套主管孔禮的身分，在「暢捷通 T3－企業管理信息化軟件教育專版10.8Plus1」主窗口選擇「總帳」|「設置」|「選項」命令，打開「選項」對話框，如圖 3-1 所示。

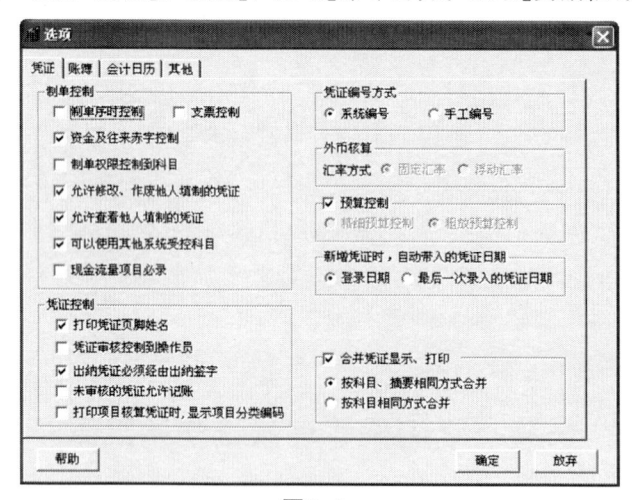

圖3-1

步驟 2：在「選項」對話框中，單擊「憑證」選項卡，選中「支票控製」復選框，系統彈出提示框，單擊「確定」按鈕，如圖 3-2 所示。

圖3-2

步驟3:用同樣的方法,完成其他參數設置。完成後,單擊「確定」按鈕。

自主探究

以帳套主管孔禮的身分完成「帳簿」「會計日曆」和「其他」選項卡的參數設置。

二、總帳期初餘額錄入

任務描述

良友電子科技有限公司2016年1月期初科目餘額如表3-2所示,客戶往來輔助核算科目「應收帳款」期初餘額明細資料如表3-3所示,個人往來輔助核算科目「應收職工個人款」期初餘額明細資料如表3-4所示,供應商往來輔助核算科目「應付帳款」期初餘額明細資料如表3-5所示。以帳套主管孔禮的身分完成期初餘額的錄入。

表3-2 1月期初科目餘額

單位:元

科目編號及名稱	輔助核算	方向	幣別計量	期初餘額
庫存現金(1001)	日記帳	借		10,351.00
銀行存款(1002)	銀行帳、日記帳	借		2,634,393.30
中行存款(100201)	銀行帳、日記帳	借		2,634,393.30
人民幣戶(10020101)	銀行帳、日記帳	借		2,600,000.00
美元戶(10020102)	銀行帳、日記帳	借		12,987.00
	外幣核算	借	美元	2,000.00
歐元戶(10020103)	銀行帳、日記帳	借		7,052.20
	外幣核算	借	歐元	1,000.00
英鎊戶(10020104)	銀行帳、日記帳	借		14,354.10
	外幣核算	借	英鎊	1,500.00
應收帳款(1122)	客戶往來、受控應收系統	借		70,200.00
其他應收款(1221)		借		5,000.00
應收職工個人款(122102)	個人往來	借		5,000.00
壞帳準備(1231)		貸		351.00
在途物資(1402)		借		5,100.00

續　表

科目編號及名稱	輔助核算	方向	幣別/計量	期初餘額
原材料(1403)		借		1,716,235.00
庫存商品(1405)		借		1,004,971.00
週轉材料(1411)		借		85.00
包裝物(141101)		借		85.00
固定資產(1601)		借		4,324,000.00
累計折舊(1602)		貸		1,089,056.85
短期借款(2001)		貸		600,000.00
工行借款(200101)		貸		600,000.00
應付帳款(2202)		貸		250,938.00
應付購貨款(220201)	供應商往來、受控應付系統	貸		189,540.00
暫估應付款(220202)	供應商往來、無受控系統	貸		100,700.00
應付職工薪酬(2211)		貸		89,257.00
工資(221101)		貸		62,200.00
工會經費(221103)		貸		1,244.00
職工教育經費(221104)		貸		933.00
社會保險費(221105)		貸		6,220.00
醫療保險(22110501)		貸		4,976.00
工傷保險(22110502)		貸		622.00
生育保險(22110503)		貸		622.00
住房公積金(221106)		貸		4,976.00
設定提存計劃(221107)		貸		13,684.00
基本養老保險(22110701)		貸		12,440.00
失業保險(22110702)		貸		1,244.00
應交稅費(2221)		貸		16,229.83
應交增值稅(222101)		貸		28,890.79
應交城市維護建設稅(222102)		貸		2,022.36
應交教育費附加(222103)		貸		866.72
應交地方教育費附加(222104)		貸		577.82

續　表

科目編號及名稱	輔助核算	方向	幣別/計量	期初餘額
應交企業所得稅(222105)		貸		−16,127.86
未交增值稅(222107)		貸		28,890.79
實收資本(4001)		貸		5,000,000.00
資本公積(4002)		貸		300,000.00
盈餘公積(4101)		貸		885,200.62
利潤分配(4104)		貸		1,500,000.00
未分配利潤(410401)		貸		1,500,000.00

表 3-3　「應收帳款」期初餘額明細資料

日期	發票號	憑證號	客戶	摘要	方向	金額 元	業務員
2015−12−1	89466201	轉−03	廣州中天	期初餘額	借	70,200.00	魯良

表 3-4　「應收職工個人款」期初餘額明細資料

單位：元

日期	憑證號	部門	個人	摘要	方向	期初餘額
2015−12−25	付−21	企管部	華強	出差借款	借	5,000.00

表 3-5　「應付帳款」期初餘額明細資料

日期	發票號	憑證號	供應商	摘要	方向	金額 元	業務員
2015−12−28	75420356	轉−35	鄭州德勤	期初數據	貸	189,540.00	劉謙
2015−12−30		轉−38	北京富康	期初暫估數據	貸	100,700.00	劉謙

工作導向

(一) 基本科目餘額的錄入

步驟1：選擇「總帳」｜「設置」｜「期初餘額」命令，進入「期初餘額錄入」窗口。

步驟2：錄入「1001 庫存現金」科目的期初餘額 10,351.00 元，回車確認，如圖 3-3 所示。

图3-3

步驟3：錄入科目「人民幣戶(10020101)」的餘額2,600,000.00元，回車確認，則其上級科目「中行存款(100201)」和總帳科目「銀行存款(1002)」的餘額自動計算並填列。

步驟4：錄入科目「美元戶(10020102)」的本幣餘額12,987.00元，回車確認，再錄入外幣2,000.00美元。

步驟5：用同樣的方法，錄入表3-2中其他總帳基本科目的期初餘額。

(二)輔助核算科目餘額的錄入

步驟1：選擇「總帳」|「設置」|「期初餘額」命令，打開「期初餘額輸入」對話框。

步驟2：雙擊「應收帳款」的期初餘額欄，進入「客戶往來期初」窗口。

步驟3：單擊「增加」按鈕。

步驟4：輸入表3-3中的「應收帳款」的輔助核算信息，如圖3-4所示。

步驟5：單擊「退出」按鈕，則「應收帳款」科目餘額生成。

步驟6：用同樣的方法，錄入表3-2中其他總帳科目輔助核算信息。

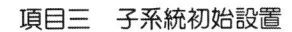

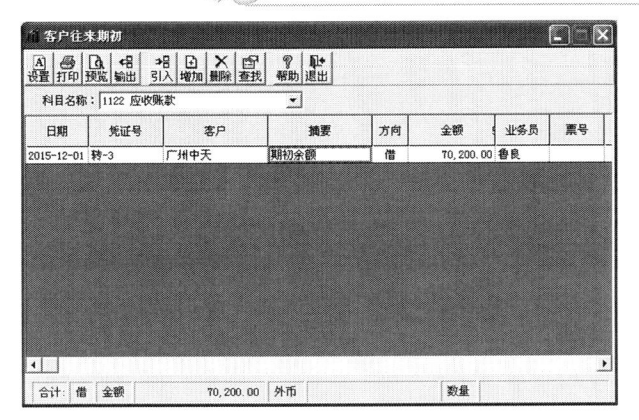

图3-4

(三)期初餘額試算平衡

步驟1:所有科目的餘額錄入完畢後,在「期初餘額錄入」對話框,單擊「試算」按鈕,打開「期初試算平衡表」對話框,如圖3-5所示。

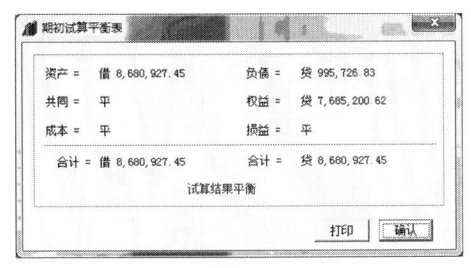

圖3-5

步驟2:單擊「確認」按鈕。

自主探究

以帳套主管孔禮的身分完成其他科目期初餘額的錄入,並進行試算平衡,檢查錄入結果的正確性。

任務二 工資管理系統初始設置

一、建立工資帳套

任務描述

良友電子科技有限公司工資帳套的資料如下:工資類別個數——單個;核算幣

種——人民幣（RMB）；要求代扣個人所得稅；扣零到角；人員編碼長度——3位；啟用日期——2016年1月1日。以帳套主管孔禮的身分建立工資帳套。

工作導向

步驟1：在暢捷通T3主窗口，單擊導航欄「工資管理」按鈕（或菜單欄「工資」菜單），打開「建立工資套」對話框。

步驟2：工資類別個數按默認設置為「單個」，幣別名稱亦按默認選擇為「人民幣」，如圖3-6所示。單擊「下一步」按鈕，進入第二步「扣稅設置」。

步驟3：選中「是否從工資中代扣個人所得稅」復選框，如圖3-7所示，單擊「下一步」按鈕，打開「建立工資套—扣零設置」對話框。

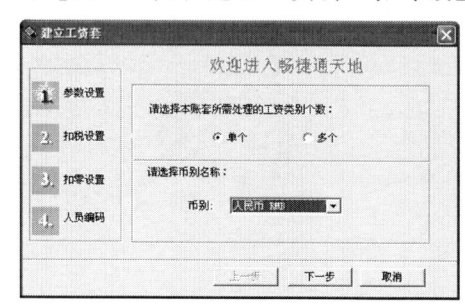

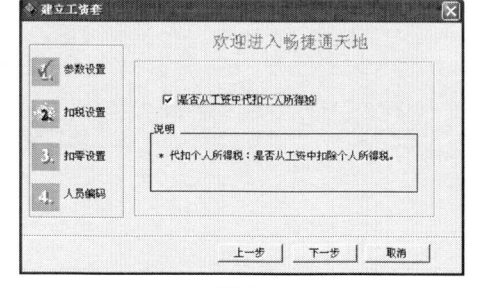

圖3-6　　　　　　　　　　圖3-7

步驟4：選中「扣零」復選框，選中「扣零至角」單選按鈕，如圖3-8所示。單擊「下一步」按鈕，打開「建立工資帳套—人員編碼」對話框。

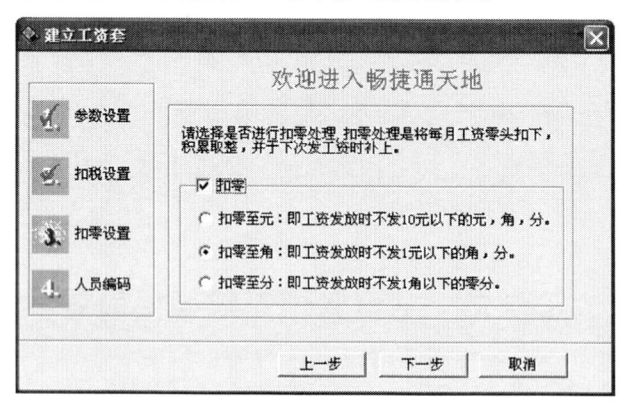

圖3-8

步驟5：將「人員編碼長度」設置為3，將「本帳套的啟用日期」設置為「2016－01－01」，並選中「預置工資項目」復選框，如圖3-9所示。單擊「完成」按鈕，彈出「工資管理」提示框，如圖3-10所示。

項目三　子系統初始設置

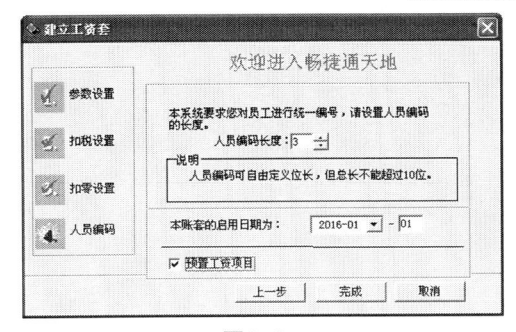

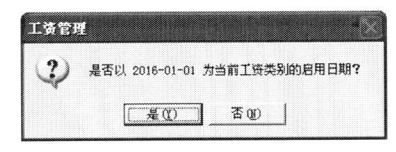

图3-9

图3-10

步驟6：單擊「是」按鈕。完成工資帳套的設置，進入工資管理系統界面。

二、權限設置

任務描述

良友電子科技有限公司按照業務分工，設定人事部經理莊智為工資類別主管。以帳套主管孔禮的身分完成此項權限的設置。

工作導向

步驟1：在暢捷通T3主窗口，選擇「工資」|「設置」|「權限設置」命令，打開「權限設置」對話框，如圖3-11所示。

步驟2：選中操作員列表中的「莊智」，單擊「修改」按鈕，激活「工資類別主管」復選框，單擊「保存」按鈕，選中「工資類別主管」復選框，如圖3-12所示。

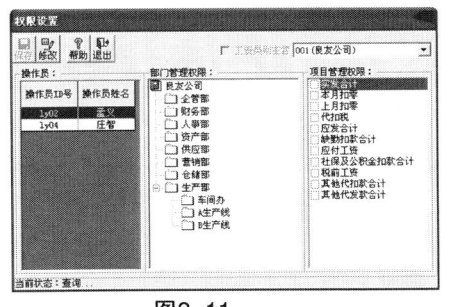

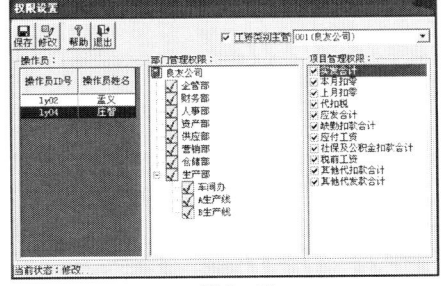

图3-11

图3-12

步驟3：單擊「保存」按鈕，系統彈出「已成功保存部門和項目權限」提示框，如圖3-13所示，單擊「確定」按鈕。單擊「退出」按鈕退出。

47

圖3-13

三、人員類別設置

任務描述

良友電子科技有限公司的人員類別分為企業高管、部門經理、普通職員等,以工資類別主管莊智的身分進行人員類別設置。

工作導向

步驟1:選擇「工資」「設置」「人員類別設置」命令,打開「類別設置」對話框。

步驟2:單擊「增加」按鈕,在「類別」文本框輸入「企業高管」,再單擊「增加」按鈕,「企業高管」在人員類別名稱欄內顯示。如圖3-14所示,繼續增加其他人員類別。

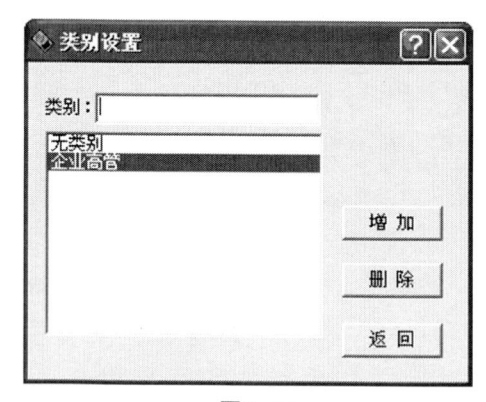

圖3-14

步驟3:全部增加完畢後,單擊「返回」按鈕。

自主探究

以工資類別主管莊智的身分完成其他人員的類別設置。

四、工資項目設置

任務描述

良友電子科技有限公司的人員工資項目如表 3-6 所示,以工資類別主管莊智的身分完成工資項目設置。

表 3-6 人員工資項目

項目名稱	類型	長度	小數位數	增減項
基本工資	數字	8	2	增項
獎金	數字	8	2	增項
津貼補貼	數字	8	2	增項
加班天數	數字	2	1	其他
加班工資	數字	8	2	增項
產品產量	數字	8	1	其他
計件工資	數字	8	2	增項
應發合計	數字	10	2	其他
月計薪天數	數字	4	2	其他
日工資率	數字	8	2	其他
遲到次數	數字	2	0	其他
遲到扣款	數字	8	2	減項
病假天數	數字	2	1	其他
病假扣款	數字	8	2	減項
事假天數	數字	2	1	其他
事假扣款	數字	8	2	減項
曠工天數	數字	2	1	其他
曠工扣款	數字	8	2	減項
缺勤扣款合計	數字	10	2	其他
應付工資	數字	10	2	其他
基本養老保險	數字	8	2	減項
醫療保險	數字	8	2	減項
失業保險	數字	8	2	減項
住房公積金	數字	8	2	減項
社保及住房公積金合計	數字	10	2	其他

續　表

項目名稱	類型	長度	小數位數	增減項
稅前工資	數字	10	2	其他
代扣稅	數字	10	2	減項
代扣水電費	數字	8	2	減項
代扣房租	數字	8	2	減項
其他代扣款合計	數字	10	2	其他
扣款合計	數字	8	2	其他
取暖費	數字	8	2	增項
其他代發款合計	數字	10	2	其他
實發合計	數字	10	2	增項

工作導向

步驟1：選擇「工資」｜「設置」｜「工資項目設置」命令，打開「工資項目設置」對話框，如圖3-15所示。

步驟2：單擊「增加」按鈕，工資項目列表將增加一個空行，在右側的「名稱參照」下拉列表框中選擇「基本工資」。如果不使用系統提供的名稱參照，也可直接輸入「基本工資」。

步驟3：雙擊「類型」欄，單擊該欄右側的下拉按鈕，選擇「數字」；雙擊「長度」欄，單擊該欄右側下拉按鈕，選擇「8」；雙擊「小數」欄，單擊該欄右側的下拉按鈕，選擇「2」；雙擊「增減項」欄，單擊該欄右側的下拉按鈕，選擇「增項」，如圖3-15所示。

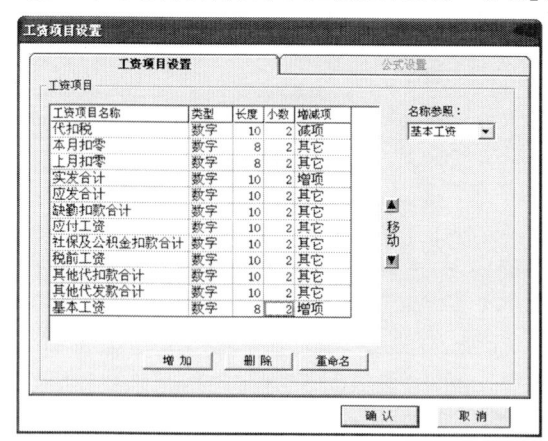

圖3-15

步驟4：單擊「增加」按鈕，繼續輸入其他工資項目。

項目三　子系統初始設置

步驟5：單擊「移動」的上、下三角按鈕，調整工資項目的順序。
步驟6：單擊「確認」按鈕。

自主探究

以工資類別主管莊智的身分完成其他工資項目設置。

五、銀行名稱設置

任務描述

良友電子科技有限公司的員工工資由中行鄭州開發區支行代發，職工工資帳號定長為19，輸入時自動帶出的帳號長度為10位。以工資類別主管莊智的身分進行銀行名稱的設置。

工作導向

步驟1：選擇「工資」「設置」「銀行名稱設置」命令，打開「銀行名稱設置」對話框，如圖3-16所示。

步驟2：單擊「增加」按鈕，在銀行名稱編輯欄中輸入「中行鄭州開發區支行」，選中「帳號定長」復選框，帳號長度設為19。在「錄入時需要自動帶出的帳號長度」欄輸入「10」，如圖3-16所示。

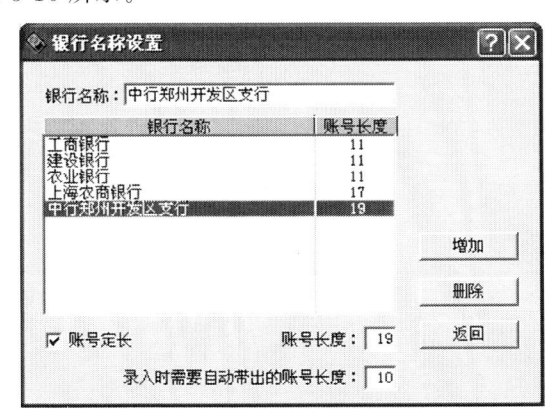

圖3-16

步驟3：單擊「返回」按鈕。

51

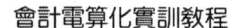

六、人員檔案設置

任務描述

良友電子科技有限公司的人員檔案如表3-7所示,以工資類別主管莊智的身分完成企業人員檔案的設置。

表3-7 人員檔案

編號	姓名	部門	人員類別	帳號	扣稅	工資停發
101	華強	企管部	企業高管	6212261715000990021	是	否
201	孔禮	財務部	部門經理	6212261715000990022	是	否
202	孟義	財務部	普通職員	6212261715000990023	是	否
203	李仁	財務部	普通職員	6212261715000990024	是	否
301	莊智	人事部	部門經理	6212261715000990025	是	否
401	陳誠	資產部	部門經理	6212261715000990026	是	否
501	劉謙	供應部	部門經理	6212261715000990027	是	否
601	魯良	營銷部	部門經理	6212261715000990028	是	否
701	張恭	倉儲部	部門經理	6212261715000990029	是	否
702	曾檢	倉儲部	普通職員	6212261715000990030	是	否
801	顏讓	車間辦	部門經理	6212261715000990031	是	否
802	秦真	A生產線	普通職員	6212261715000990032	是	否
803	齊善	B生產線	普通職員	6212261715000990033	是	否

工作導向

步驟1:選擇「工資」「設置」「人員檔案」命令,打開「人員檔案」窗口,如圖3-17所示。

圖3-17

項目三　子系統初始設置

步驟2：在「人員檔案」窗口，單擊「批增」按鈕，打開「人員批量增加」對話框。

步驟3：逐一單擊對話框左側列表框「部門」欄前的「選擇」欄，則將要引入的人員檔案信息顯示在對話框右側列表框，如圖3-18所示。

步驟4：雙擊「營銷部」所在行的人員類別，將其修改為「部門經理」；用同樣方法修改生產部的人員類別，如圖3-19所示。

圖3-18　　　　　　　　　　　圖3-19

步驟5：單擊「確定」按鈕，打開「人員檔案」窗口，如圖3-20所示。

圖3-20

步驟6：單擊「修改」按鈕，打開「人員檔案」對話框，如圖3-21所示。選擇人員姓名「華強」，銀行名稱選擇「中行鄭州開發區支行」，輸入銀行帳號「6212261715000990021」。

步驟7：單擊「確認」按鈕，系統彈出「寫入該人員檔案信息嗎？」提示框，如圖3-22所示。單擊「確定」按鈕，繼續設置其他人員檔案信息。

圖3-21

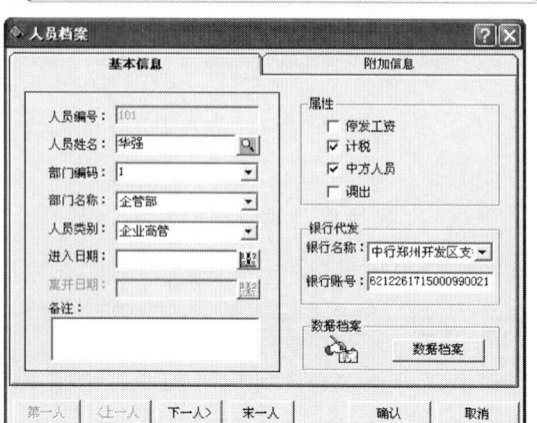

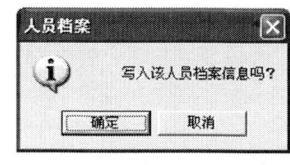

圖3-22

自主探究

以工資類別主管莊智的身分將人員檔案中其他人員的銀行代發信息輸入完整。

七、工資項目計算公式設置

任務描述

良友電子科技有限公司的工資項目計算公式如表3-8所示，以工資類別主管莊智的身分完成這些工資項目的計算公式的設置。

表3-8　工資項目計算公式

工資項目	定義公式
獎金	iff(人員類別＝"企業高管",1,500,iff(人員類別＝"部門經理",1,000,500))
津貼補貼	iff(部門＝"企管部",1,100,iff(部門＝"A生產線" or 部門＝"B生產線",300,800))
月計薪天數	21.75
日工資率	(基本工資＋獎金＋津貼補貼)/月計薪天數
加班工資	加班天數＊日工資率＊2
計件工資	產品產量＊7.25
應發合計	基本工資＋獎金＋津貼補貼＋加班工資＋計件工資
遲到扣款	遲到次數＊日工資率＊1.8

項目三　子系統初始設置

續　表

工資項目	定義公式
病假扣款	日工資率 * 病假天數 * 0.2
事假扣款	事假天數 * 日工資率
曠工扣款	曠工天數 * 日工資率 * 2
缺勤扣款合計	遲到扣款＋病假扣款＋事假扣款＋曠工扣款
應付工資	應發合計－缺勤扣款合計
基本養老保險	應付工資 * 0.08
醫療保險	應付工資 * 0.02
失業保險	應付工資 * 0.01
住房公積金	應付工資 * 0.08
社保及住房公積金合計	基本養老保險＋醫療保險＋失業保險＋住房公積金
稅前工資	應付工資－社保及公積金扣款合計
其他代扣款合計	代扣水電費＋代扣房租
取暖費	iff(人員類別＝"企業高管",1,000,iff(人員類別＝"部門經理",750,500))
其他代發款合計	取暖費
實發合計	稅前工資－代扣稅－其他代扣款合計＋其他代發款合計

工作導向

步驟1：選擇「工資」「設置」「工資項目設置」命令，打開「工資項目設置」對話框，如圖 3-23 所示。

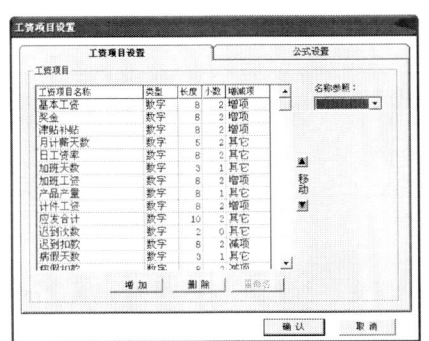

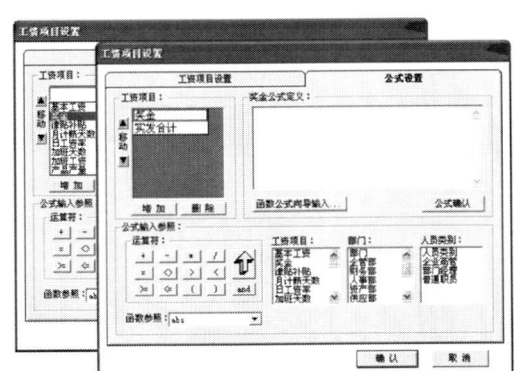

圖3-23

圖3-24

步驟2：選擇「公式設置」選項卡，打開公式設置功能頁面。單擊該頁面左邊工資項目欄下的「增加」按鈕，激活工資項目下拉列表，單擊下三角按鈕選擇「獎金」項目，如圖3-24所示。

步驟3：在右側「獎金公式定義」欄中，單擊「函數公式向導輸入…」按鈕，打開「函數向導——步驟之1」對話框，如圖3-25所示。

步驟4：選擇「iff」函數，單擊「下一步」按鈕，打開「函數向導——步驟之2」對話框。

步驟5：單擊「邏輯表達式」欄右邊的「放大鏡」按鈕，在參照列表中選擇「人員類別」為「企業高管」，在「算術表達式1」欄中，輸入「1,500」，如圖3-26所示。

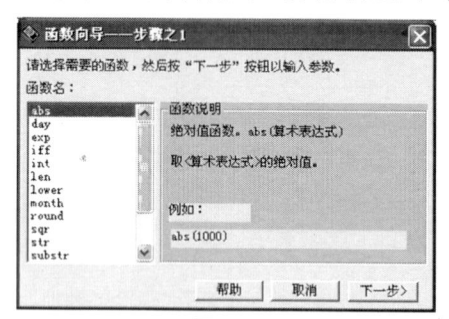

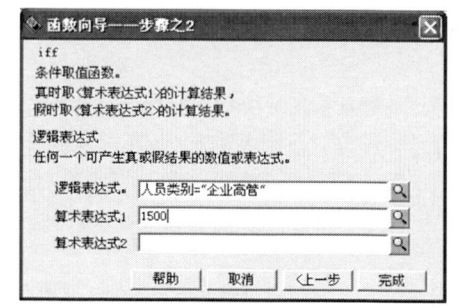

圖3-25　　　　　　　　　　　圖3-26

步驟6：單擊「完成」按鈕，返回「工資項目設置」界面，如圖3-27所示。將光標放在公式「iff(人員類別="企業高管",1,500,)」中的1,500右側逗號之後，再次單擊「函數公式向導輸入…」按鈕，重複「iff」函數的操作，在「函數向導——步驟之2」對話框中作如圖3-28所示的設置。

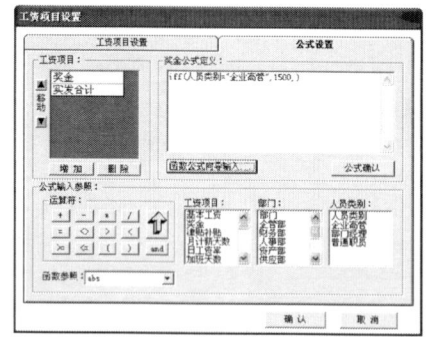

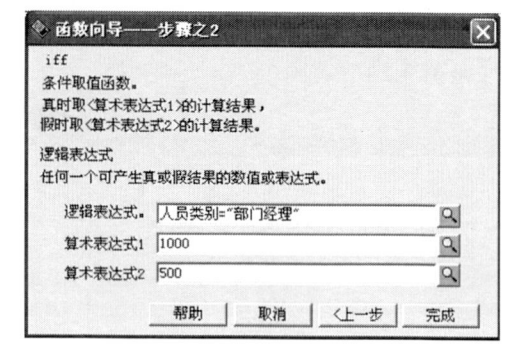

圖3-27　　　　　　　　　　　圖3-28

步驟7：單擊「完成」按鈕，所設置的完整公式如圖3-29所示。單擊「公式確認」按鈕，單擊「確認」按鈕。

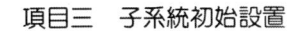

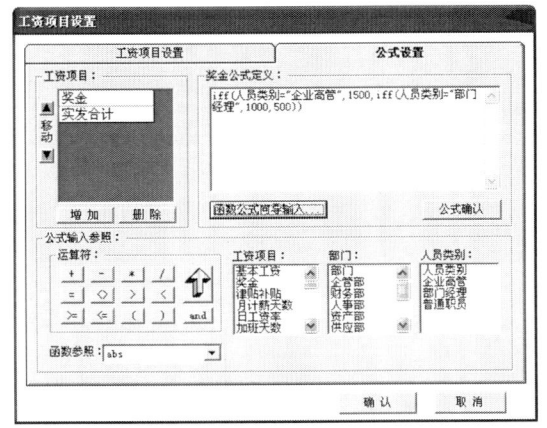

項目三　子系統初始設置

圖3-29

自主探究

以工資類別主管莊智的身分進行其餘工資項目計算公式的設置。

任務三　固定資產管理系統初始設置

一、建立固定資產帳套

任務描述

良友電子科技有限公司的固定資產控製參數如表 3-9 所示，以資產部經理陳誠的身分註冊「暢捷通 T3－企業管理信息化軟件教育專版 10.8 Plus1」主窗口，完成固定資產帳套的建立和各項控製參數設置。

表 3-9　固定資產控製參數的規定

控製參數	參數設置
約定與說明	我同意
啟用月份	2016.01
折舊信息	本帳套計提折舊 折舊方法：平均年限法（一） 折舊匯總分配週期：1 個月 當（月初已計提月份＝可使用月份－1）時，將剩餘折舊全部提足

續　表

控制參數	參數設置
編碼方式	資產類別編碼方式：2112 固定資產編碼方式：按「類別編號＋部門編號＋序號」自動編碼；卡片序號長度為3
財務接口	與帳務管理系統進行對帳 對帳科目：固定資產對帳科目——1601,固定資產；累計折舊對帳科目——1602,累計折舊

工作導向

步驟1：在暢捷通 T3 主窗口，單擊導航欄「固定資產」按鈕（或菜單欄「固定資產」菜單），彈出「這是第一次打開此帳套，還未進行過初始化，是否進行初始化？」提示框，如圖 3-30 所示。

步驟2：單擊「是」按鈕，打開「固定資產初始化向導」對話框，如圖 3-31 所示。仔細閱讀「1.約定及說明」相關條款後，選中「我同意」單選框。

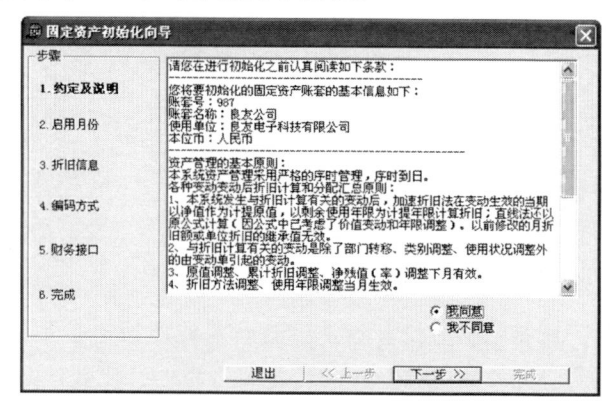

圖3-30　　　　　　　圖3-31

步驟3：單擊「下一步」按鈕，打開「2.啟用月份」頁面，帳套啟用月份按系統默認的「2016.01」，如圖 3-32 所示。

步驟4：單擊「下一步」按鈕，打開「3.折舊信息」頁面。選中「本帳套計提折舊」復選框；選擇主要折舊方法為「平均年限法（一）」，折舊匯總分配週期為「1個月」；選中「當(月初已計提月份＝可使用月份－1)時，將剩餘折舊全部提足」復選框，如圖3-33所示。

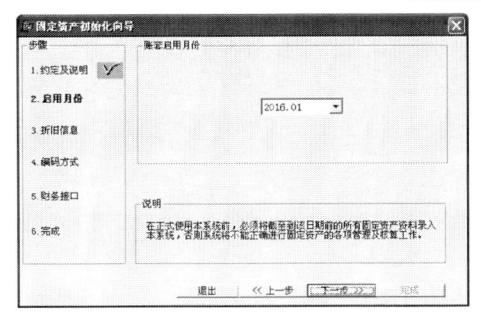

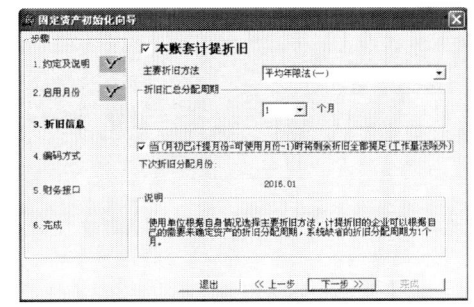

項目三　子系統初始設置

圖3-32　　　　　　　　　　　　　圖3-33

步驟5：單擊「下一步」按鈕，打開「4.編碼方式」頁面。確定資產類別編碼長度為「2112」；選中「自動編碼」單選按鈕，選擇固定資產編碼方式為「類別編號＋部門編號＋序號」，選擇序號長度為「3」，如圖3-34所示。

步驟6：單擊「下一步」按鈕，打開「5.財務接口」頁面。選中「與帳務系統進行對帳」復選框；選擇固定資產對帳科目為「1601，固定資產」，累計折舊對帳科目為「1602，累計折舊」，不選「在對帳不平情況下允許固定資產月末結帳」復選框，如圖3-35所示。

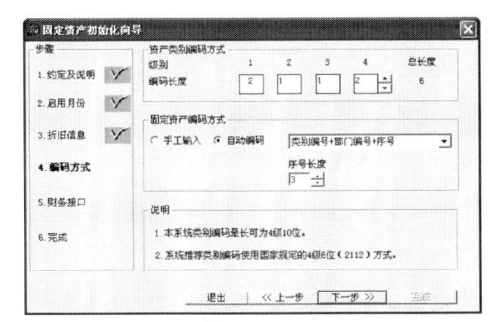

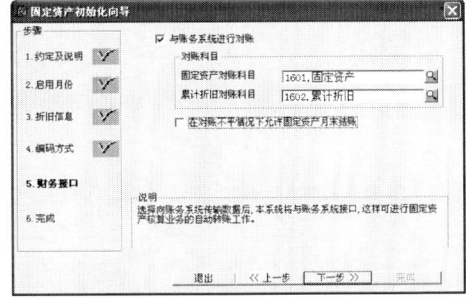

圖3-34　　　　　　　　　　　　　圖3-35

步驟7：單擊「下一步」按鈕，打開「6.完成」頁面，如圖3-36所示。

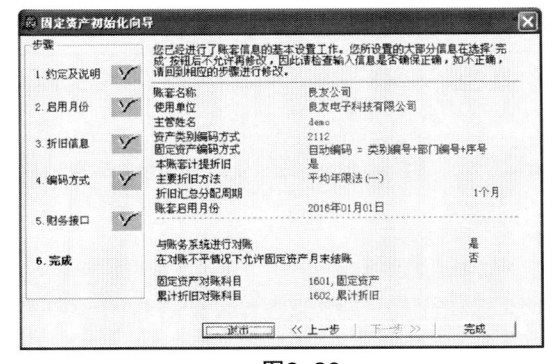

圖3-36

步驟8：單擊「完成」按鈕，完成本帳套的初始化，系統彈出「是否確定所設置的信息完全正確並保存對新帳套的所有設置？」提示框，如圖3-37所示。

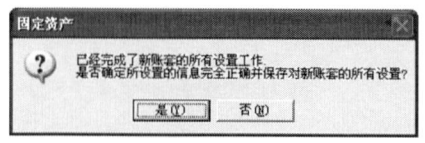

圖3-37

圖3-38

步驟9：單擊「是」按鈕，系統彈出「已成功初始化本固定資產帳套！」提示框，如圖3-38所示，單擊「確定」按鈕。

自主探究

教師選擇固定資產系統「維護」「重新初始化帳套」命令後，學生以資產部經理陳誠的身分重新建立固定資產帳套。

二、補充參數設置

任務描述

良友電子科技有限公司的固定資產管理系統初始補充參數設置如表3-10所示，以資產部經理陳誠的身分完成固定資產管理系統的補充參數設置。

表3-10　固定資產補充參數設置

與財務系統接口	月末結帳前一定要完成製單登帳業務 ［固定資產］缺省入帳科目：1601,固定資產 ［累計折舊］默認入帳科目：1602,累計折舊 可抵扣稅額入帳科目：22210101,進項稅額
其他	連續增加

工作導向

步驟1：選擇「設置」「選項」命令，進入「選項」對話框。

步驟2：選擇「與帳務系統接口」選項卡。選中「月末結帳前一定要完成製單登帳業務」復選框；選擇默認入帳科目為「1601,固定資產」「1602,累計折舊」，如圖3-39所示，單擊「確定」按鈕。

項目三　子系統初始設置

圖3-39

三、資產類別設置

任務描述

良友電子科技有限公司的固定資產類別如表3-11所示，以資產部經理陳誠的身分完成固定資產類別的設置。

表3-11　固定資產類別

編碼	類別名稱	淨殘值率	單位	計提屬性
01	房屋建築物	0.50%	幢	正常計提
011	經營用	0.50%	幢	正常計提
012	非經營用	0.50%	幢	正常計提
02	機器設備	5%	臺	正常計提
03	運輸工具	5%	輛	正常計提
031	經營用	5%	輛	正常計提
032	非經營用	5%	輛	正常計提
04	辦公設備	1%	臺	正常計提
041	經營用	1%	臺	正常計提
042	非經營用	1%	臺	正常計提
05	制冷設備	3%	臺	正常計提
051	經營用	3%	臺	正常計提
052	非經營用	3%	臺	正常計提

會計電算化實訓教程

工作導向

步驟1：選擇「固定資產」「設置」「資產類別」命令，進入「類別編碼表」窗口，如圖3-40所示。

圖3-40

步驟2：單擊「增加」按鈕，輸入類別名稱「房屋建築物」，淨殘值率「0.5%」；計量單位「幢」，其餘內容按系統默認，如圖3-41所示。

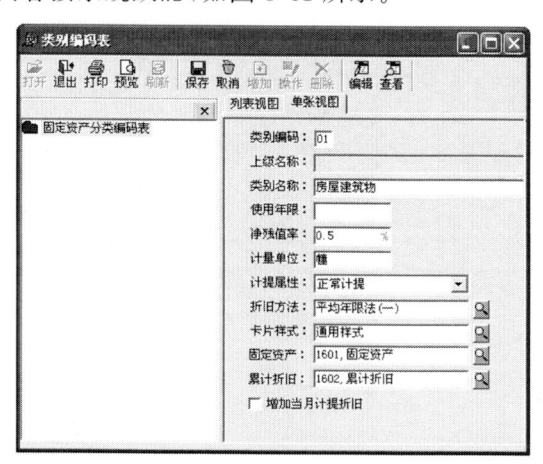

圖3-41

步驟3：單擊「保存」按鈕。然後用同樣的方法，完成其他資產類別的設置。

自主探究

以資產部經理陳誠的身分完成其他固定資產類別的設置。

四、資產增減方式對應科目設置

任務描述

良友電子科技有限公司的固定資產增減方式的對應入帳科目如表3-12所示，

項目三 子系統初始設置

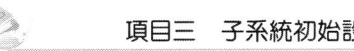

以資產部經理陳誠的身分完成固定資產增減方式對應入帳科目的設置。

表 3-12 增減方式的對應入帳科目

增減方式目錄	對應入帳科目
增加方式：	
直接購入	10020101,中行存款——人民幣戶
投資者投入	4001,實收資本
捐贈	6301,營業外收入
盤盈	6901,以前年度損益調整
在建工程轉入	1604,在建工程
減少方式：	
出售	1606,固定資產清理
盤虧	1901,待處理財產損溢
投資轉出	1606,固定資產清理
捐贈轉出	1606,固定資產清理
報廢	1606,固定資產清理
毀損	1606,固定資產清理

工作導向

步驟1：選擇「固定資產」|「設置」|「增減方式」命令，打開「增減方式」窗口，如圖3-42所示。

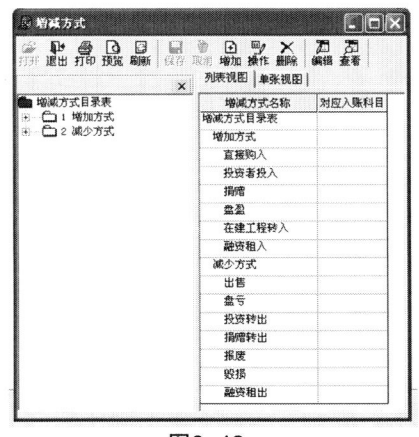

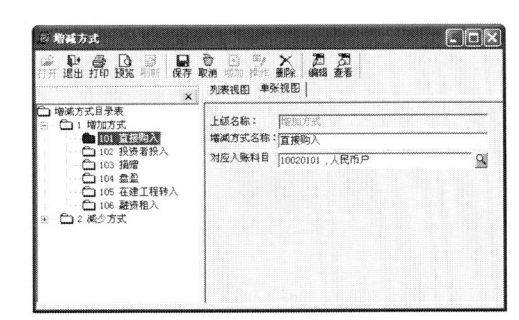

圖3-42　　　　　　　　　　　圖3-43

步驟2：在「增減方式」窗口左邊列表框中，單擊「增加方式」前邊的「＋」號，將「增加方式」目錄展開，選中「直接購入」方式，單擊「操作」按鈕，窗口右邊列表框中

63

顯示「直接購入」方式及需要輸入的對應入帳科目文本框,在其中輸入對應入帳科目「10020101,人民幣戶」,如圖3-43所示。

步驟3:單擊「保存」按鈕。再用同樣的方法,輸入其餘「增減方式」的對應入帳科目。

自主探究

以資產部經理陳誠的身分完成固定資產增減方式對應入帳科目的設置。

五、部門對應折舊科目設置

任務描述

良友電子科技有限公司的固定資產部門及對應折舊科目如表3-13所示,以資產部經理陳誠的身分完成各部門固定資產對應折舊科目的設置。

表3-13　部門及對應折舊科目

部門	對應折舊科目	對應科目編碼
企管部、財務部、人事部、資產部、供應部、倉儲部	管理費用——折舊費	660210
營銷部	銷售費用——折舊費	660110
生產部	製造費用——折舊費	510103

工作導向

步驟1:選擇「設置」|「部門對應折舊科目設置」命令,進入「部門編碼表」窗口,如圖3-44所示。

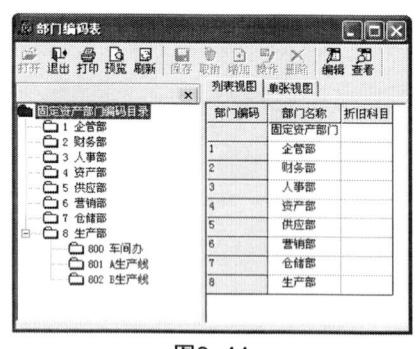

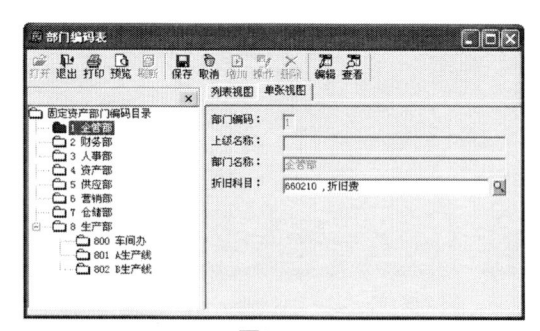

圖3-44　　　　　　　　　　圖3-45

步驟2:在「部門編碼表」窗口左邊列表框的樹形目錄中,選中「企管部」,單擊「操作」按鈕,窗口右邊列表框中顯示「企管部」及需要輸入的折舊科目文本框,在其中輸入科目「660210,折舊費」,如圖3-45所示。

步驟3:單擊「保存」按鈕。繼續完成其他部門折舊科目的設置。

自主探究

以資產部經理陳誠的身分完成其他部門固定資產對應折舊科目的設置。

六、原始卡片錄入

任務描述

良友電子科技有限公司的固定資產原始卡片信息如表3-14所示,使用狀況均為「在用」,折舊方法均採用「平均年限法(一)」。以資產部經理陳誠的身分完成固定資產原始卡片的錄入。

表3-14　固定資產原始卡片信息

固定資產名稱	類別編號	所在部門	增加方式	使用年限(年)	開始使用日期	原值(元)	累計折舊(元)	對應折舊科目名稱	淨殘值率
廠房	011	車間辦	在建工程轉入	30	2006.01.01	2,000,000.00	657,805.56	510103,折舊費	0.50%
庫房	011	倉儲部	在建工程轉入	50	2006.01.01	1,800,000.00	355,215.00	660210,折舊費	0.50%
世通計算機組裝生產線	028	A生產線	直接購入	10	2006.01.01	3,000.00	2,826.25	510103,折舊費	5.00%
世通計算機組裝生產線	028	B生產線	直接購入	10	2010.06.01	3,000.00	1,567.50	510103,折舊費	5.00%
東風貨車	031	營銷部	直接購入	10	2012.01.01	80,000.00	29,766.67	660110,折舊費	5.00%
奧迪小轎車	032	企管部	直接購入	10	2015.09.01	300,000.00	7,125.00	660210,折舊費	5.00%
聯想計算機	042	企管部	直接購入	5	2014.07.01	5,000.00	1,02.50	660210,折舊費	1.00%
聯想計算機	042	企管部	直接購入	5	2014.07.01	5,000.00	1,02.50	660210,折舊費	1.00%
聯想計算機	042	人事部	直接購入	5	2014.07.01	5,000.00	1,02.50	660210,折舊費	1.00%
聯想計算機	042	資產部	直接購入	5	2014.07.01	5,000.00	1,02.50	660210,折舊費	1.00%
聯想計算機	042	財務部	直接購入	5	2014.07.01	5,000.00	1,02.50	660210,折舊費	1.00%
聯想計算機	042	財務部	直接購入	5	2014.07.01	5,000.00	1,02.50	660210,折舊費	1.00%

續　表

固定資產名稱	類別編號	所在部門	增加方式	使用年限(年)	開始使用日期	原值(元)	累計折舊(元)	對應折舊科目名稱	淨殘值率
聯想計算機	042	財務部	直接購入	5	2014.07.01	5,000.00	1,02.50	660210,折舊費	1.00%
聯想計算機	041	營銷部	直接購入	5	2014.07.01	5,000.00	1,02.50	660110,折舊費	1.00%
聯想計算機	041	供應部	直接購入	5	2014.07.01	5,000.00	1,02.50	660210,折舊費	1.00%
聯想計算機	041	車間辦	直接購入	5	2014.07.01	5,000.00	1,02.50	510103,折舊費	1.00%
聯想計算機	041	倉儲部	直接購入	5	2014.07.01	5,000.00	1,02.50	660210,折舊費	1.00%
聯想計算機	041	倉儲部	直接購入	5	2014.07.01	5,000.00	1,02.50	660210,折舊費	1.00%
愛普生打印機	042	財務部	直接購入	6	2014.07.01	2,000.00	467.50	660210,折舊費	1.00%
三星多功能機	042	企管部	直接購入	6	2014.07.01	10,000.00	2,337.50	660210,折舊費	1.00%
格力空調機	052	企管部	直接購入	6	2014.07.01	6,000.00	1,374.17	660210,折舊費	3.00%
格力空調機	052	人事部	直接購入	6	2014.07.01	6,000.00	1,374.17	660210,折舊費	3.00%
格力空調機	052	資產部	直接購入	6	2014.07.01	6,000.00	1,374.17	660210,折舊費	3.00%
格力空調機	052	財務部	直接購入	6	2014.07.01	6,000.00	1,374.17	660210,折舊費	3.00%
格力空調機	051	營銷部	直接購入	6	2014.07.01	6,000.00	1,374.17	660110,折舊費	3.00%
格力空調機	051	供應部	直接購入	6	2014.07.01	6,000.00	1,374.17	660210,折舊費	3.00%
格力空調機	051	車間辦	直接購入	6	2014.07.01	6,000.00	1,374.17	510103,折舊費	3.00%
格力空調機	051	倉儲部	直接購入	6	2014.07.01	6,000.00	1,374.17	660210,折舊費	3.00%
格力空調機	051	倉儲部	直接購入	6	2014.07.01	6,000.00	1,374.17	660210,折舊費	3.00%
格力空調機	051	A生產線	直接購入	6	2014.07.01	6,000.00	1,374.17	510103,折舊費	3.00%
格力空調機	051	B生產線	直接購入	6	2014.07.01	6,000.00	1,374.17	510103,折舊費	3.00%
合計						4,324,000.00	1,089,056.850	——	——

項目三　子系統初始設置

工作導向

步驟1：選擇「固定資產」|「卡片」|「輸入原始卡片」命令，打開「資產類別參照」對話框，如圖3-46所示。

步驟2：將「房屋建築物」展開，選擇資產類別「011 經營用」，單擊「確認」按鈕，進入「固定資產卡片［錄入原始卡片：00001號卡片］」窗口，依照表3-14所列示「廠房」的相關信息輸入卡片內容，如圖3-47所示。

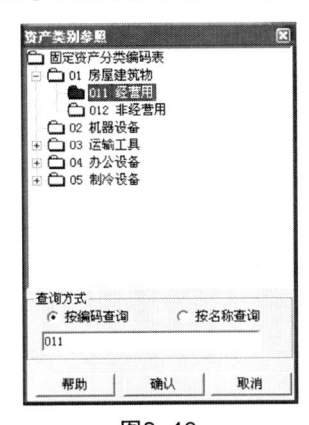

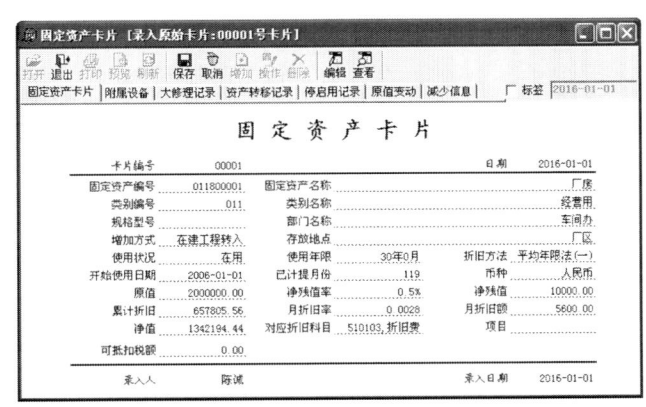

圖3-46

圖3-47

步驟3：單擊「保存」按鈕，彈出「數據成功保存！」提示框，如圖3-48所示。單擊「確定」按鈕。

圖3-48

自主探究

以資產部經理陳誠的身分完成其餘固定資產原始卡片的輸入。

任務四　購銷存管理系統初始設置

一、購銷存各模塊業務參數設置

任務描述

良友電子科技有限公司採購、銷售、庫存、核算及生產等系統的業務參數如表 3-15 所示，以帳套主管孔禮的身分完成這些業務參數的設置。

表 3-15　購銷存系統參數

模塊	內容	參數設置
採購	業務控製,公共參數,結算選項,應付參數	應付參數:顯示現金折扣;其餘默認
銷售	業務範圍,業務控製,系統參數,打印參數,價格管理,應收核銷	應收核銷:顯示現金折扣;其餘默認
庫存	系統參數,打印參數	允許零出庫;庫存系統生成銷售出庫單;其餘默認
核算	核算方式,控製方式,最高最低控製,供應商、客戶往來	核算方式:暫估方式選擇單到回衝;供應商,客戶往來:供應商往來控製科目依據為按供應商;客戶往來控製科目依據為按客戶;其餘默認
生產	系統參數	自動帶出領料數量;其餘默認

工作導向

步驟1:選擇「採購」|「採購業務範圍設置」命令,打開「採購系統選項設置」對話框,如圖 3-49 所示。

步驟2:在「應付參數」選項卡中,選中「現金折扣是否顯示」復選框,系統彈出「採購管理」提示框,如圖 3-50 所示。

步驟3:單擊「確定」按鈕。單擊「確認」按鈕退出「採購系統選項設置」對話框。

项目三 子系统初始设置

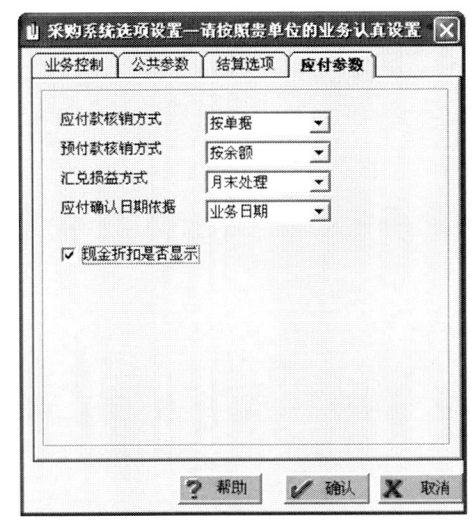

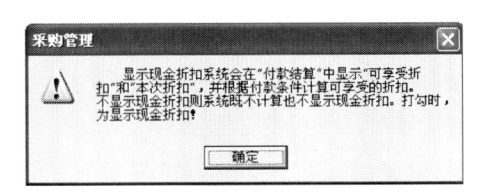

图3-49

图3-50

自主探究

以帐套主管孔禮的身分完成銷售、庫存、核算和生產功能模塊業務範圍的參數設置。

二、核算模塊科目設置

任務描述

良友電子科技有限公司的存貨科目如表3-16所示,存貨對方科目如表3-17所示,客戶、供應商往來基本科目如表3-18所示,客戶、供應商往來結算方式科目如表3-19所示,以帳套主管孔禮的身分完成這些核算科目設置。

表 3-16 存貨科目

倉庫編碼	倉庫名稱	存貨分類編碼及名稱	存貨科目編碼及名稱
1	材料庫	01 原材料	原材料(1403)
1	材料庫	02 週轉材料	包裝物(141101)
2	成品庫	03 產成品	庫存商品(1405)

69

表 3-17　存貨對方科目

收發類別編碼	收發類別	存貨分類編碼及名稱	對方科目	暫估科目
11	採購入庫	01 原材料	在途物資(1402)	暫估應付款(220202)
11	採購入庫	02 週轉材料	在途物資(1402)	暫估應付款(220202)
12	產成品入庫	03 產成品	生產成本——直接材料(500101)	
21	銷售出庫	03 產成品	主營業務成本(6401)	
21	銷售出庫	01 原材料	其他業務成本(6402)	
22	材料領用出庫	01 原材料	生產成本——直接材料(500101)	
22	材料領用出庫	02 週轉材料	生產成本——直接材料(500101)	

表 3-18　客戶、供應商往來基本科目

客戶基本科目名稱	客戶基本科目編碼	供應商基本科目名稱	供應商基本科目編碼
應收科目	1122	應付科目	220201
銷售收入科目	6001	採購科目	1402
應交增值稅科目	22210102	採購稅金科目	22210101
現金折扣科目	660303	現金折扣科目	660303
預收科目	2203	預付科目	1123

表 3-19　客戶、供應商往來結算方式科目

客戶往來結算方式科目			供應商往來結算方式科目		
結算方式	幣種	科目	結算方式	幣種	科目
現金結算	人民幣	1001	現金結算	人民幣	1001
現金支票	人民幣	10020101	現金支票	人民幣	10020101
轉帳支票	人民幣	10020101	轉帳支票	人民幣	10020101
本票	人民幣	10020101	本票	人民幣	1012
銀行匯票	人民幣	10020101	銀行匯票	人民幣	1012
電匯	人民幣	10020101	電匯	人民幣	10020101
信匯	人民幣	10020101	信匯	人民幣	10020101
委託收款	人民幣	10020101	委託收款	人民幣	10020101
托收承付	人民幣	10020101	托收承付	人民幣	10020101
信用卡	人民幣	10020101	信用卡	人民幣	1012

項目三　子系統初始設置

工作導向

(一)存貨科目設置

步驟1：選擇「核算」「科目設置」「存貨科目」命令，打開「存貨科目」對話框。

步驟2：單擊「增加」按鈕，根據表3-16的內容，選擇「倉庫編碼」為「1」，「存貨分類編碼」為「01」，「存貨科目編碼」為「1403」，如圖3-51所示。

步驟3：單擊「保存」按鈕，關閉「存貨科目」對話框。

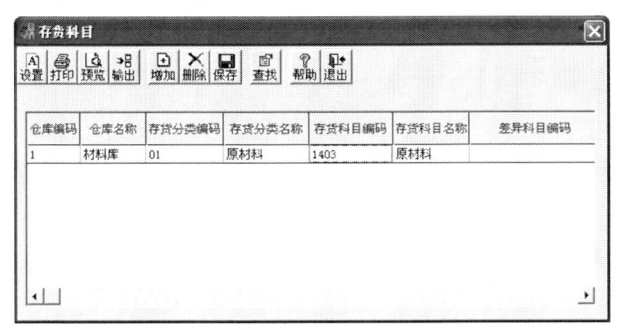

圖3-51

(二)存貨對方科目設置

步驟1：選擇「核算」「科目設置」「存貨對方科目」命令，打開「對方科目設置」窗口。

步驟2：單擊「增加」按鈕，出現可編輯行，按照表3-17所列資料分別輸入收發類別編碼為「11」，存貨分類編碼為「01」，對方科目編碼為「1402」，暫估科目編碼為「220202」，如圖3-52所示。

步驟3：單擊「保存」按鈕退出「對方科目設置」對話框。

圖3-52

(三)客戶、供應商往來科目設置

步驟1：選擇「核算」「科目設置」「客戶往來科目」命令，打開「客戶往來科目設置」窗口。

步驟2：選擇窗口左側列表中的「基本科目設置」，根據表3-18資料輸入相應的科目編碼，如圖3-53所示。

71

圖3-53

步驟3：選擇「結算方式科目設置」，根據表3-19資料輸入相應的科目編碼，如圖3-54所示。

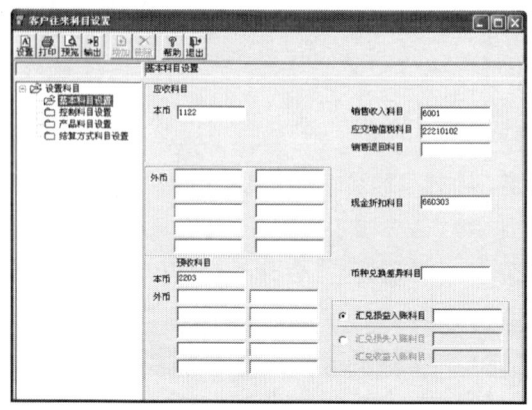

步驟4：單擊「退出」按鈕，關閉「客戶往來科目設置」窗口。

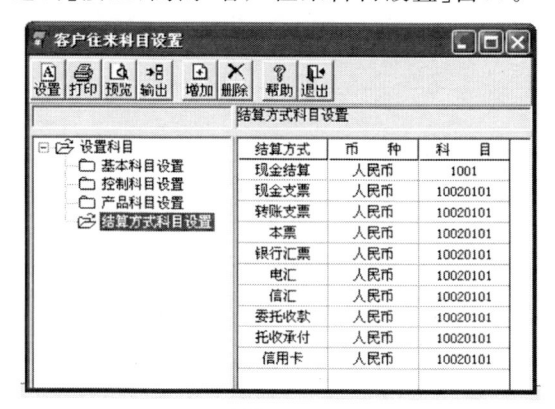

圖3-54

自主探究

以帳套主管孔禮的身分完成存貨科目、存貨對方科目、客戶往來科目及供應商往來科目的其餘項目的設置。

三、購、銷、存模塊期初餘額錄入

(一) 採購系統期初數據輸入

任務描述

良友電子科技有限公司2016年1月採購系統期初數據如下，以供應部經理劉

謙的身分進行採購系統期初數據的錄入。

（1）上月末貨到票未到的存貨暫估入庫。

2015年12月30日，公司收到從北京富康計算機配件經銷公司採購的銘瑄主板和技嘉主板各100個，已驗收並入材料庫，發票帳單未到，其中銘瑄主板按暫估價398元／個入帳，技嘉主板按暫估價609元／個入帳。

（2）上月末票到貨未到的期初在途物資。

2015年12月29日，供應部劉謙從開封龍亭包裝有限公司採購A型機包裝箱和B型機包裝箱各300套，收到增值稅專用發票一張，貨物尚未運達，發票號為78151229，其中A型機包裝箱單價9元，B型機包裝箱單價8元，貨款已付。

（3）上月末票隨貨到但貨款未付的期初供應商往來。

2015年12月28日，供應部劉謙從鄭州德勤電子有限公司採購AMD－CPU（速龍II X2,245）和INTEL－CPU（Core i5,4590）各100個，單價分別為670元和950元，材料均已驗收入庫，增值稅專用發票已收到，發票號為78151228，貨款尚未支付。

工作導向

1. 錄入期初存貨暫估入庫數據

步驟1：選擇「採購」|「採購入庫單」命令，打開「期初採購入庫單」窗口。

步驟2：單擊「增加」按鈕右側的倒三角，展開下拉列表，選擇「採購入庫單」，根據期初資料依次輸入相關內容，如圖3-55所示。

步驟3：單擊「保存」按鈕。

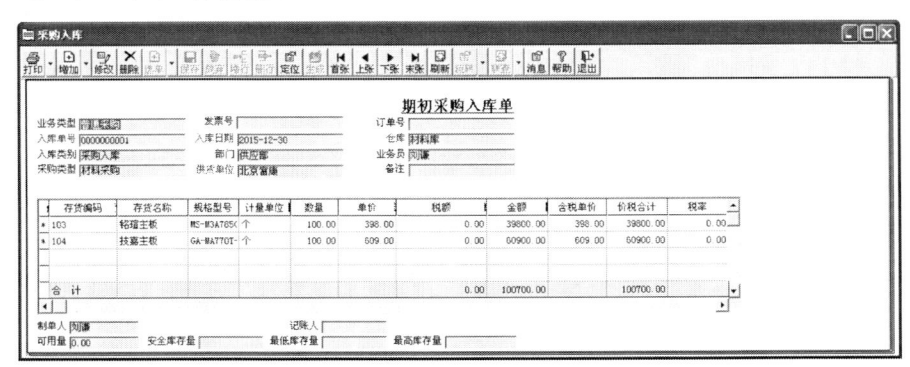

圖3-55

2. 錄入期初在途物資數據

步驟1：選擇「採購」|「採購發票」命令，打開「期初採購專用發票」窗口。

步驟2：單擊「增加」按鈕右側的下三角按鈕，展開下拉列表，選擇「專用發票」，打開「期初採購專用發票」窗口。根據期初資料依次輸入相關內容，如圖3-56所示。

步驟3：單擊「保存」按鈕。

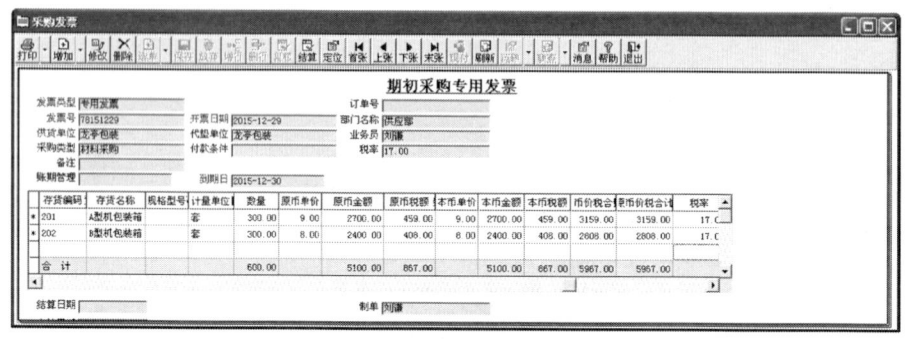

圖3-56

3. 輸入供應商往來期初餘額——應付帳款

步驟1：選擇「採購」|「供應商往來」|「供應商往來期初」命令，打開「期初餘額—查詢」對話框，如圖3-57所示。單擊「確認」按鈕，打開「期初餘額」窗口，如圖3-58所示。

圖3-57

圖3-58

步驟2：單擊「增加」按鈕，打開「單據類別」選擇對話框，如圖3-59所示。

步驟3：單擊「確認」按鈕，打開「期初錄入」窗口，根據期初資料錄入採購專用

發票中的相關信息,如圖 3-60 所示。

圖3-59

圖3-60

步驟 4:單擊「保存」按鈕,單擊「退出」按鈕,關閉「期初錄入」窗口,主界面回到「期初餘額」窗口。

步驟 5:單擊「對帳」按鈕,系統自動完成採購系統應付期初與總帳期初餘額的核對結果,如圖 3-61 所示。

圖3-61

4.採購期初記帳

以帳套主管孔禮的身分登錄系統並進行採購期初記帳。

步驟 1:選擇「採購」|「期初記帳」命令,打開「期初記帳」對話框,如圖 3-62 所示。

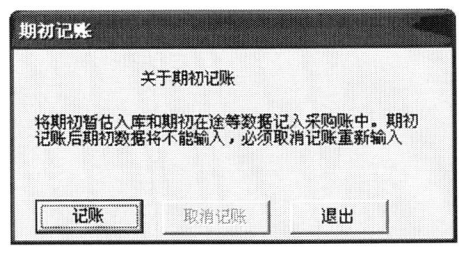

圖3-62

圖3-63

步驟 2:單擊「記帳」按鈕,系統彈出「期初記帳完畢」提示框,如圖 3-63 所示。

單擊「確定」按鈕。

(二)銷售系統期初餘額輸入

任務描述

良友電子科技有限公司2016年1月份銷售系統客戶往來期初數據如表3-20所示，以營銷部經理魯良的身分錄入客戶往來期初餘額。

表3-20　客戶往來期初數據

單據類型	單據日期	發票號	供應商	科目	方向	貨物名稱	規格型號	數量（臺）	單價（元/臺）	稅率	金額（元）	付款條件	部門	業務員	備註
專用發票	2015－12－01	89466201	廣州中天	應收帳款(1122)	借	A型計算機	LY50－90A	10	6,000	17％	70,200.00	03	營銷部	魯良	銷售產品

工作導向

步驟1：選擇「銷售」|「客戶往來」|「客戶往來期初」命令，打開「期初餘額－查詢」對話框，如圖3-64所示。

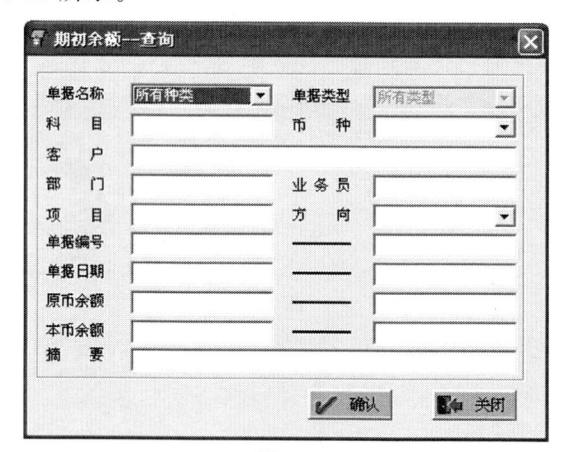

圖3-64

步驟2：單擊「確認」按鈕，打開「期初餘額」窗口，如圖3-65所示。單擊「增加」按鈕，打開「單據類別」選擇對話框，如圖3-66所示。

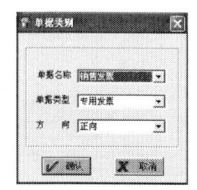

圖3-65　　　　　　　　圖3-66

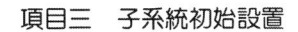

步驟 3：單擊「確認」按鈕，打開「期初錄入」窗口，在該窗口顯示的銷售專用發票中依次錄入表 3-20 所給客戶往來期初數據內容，如圖 3-67 所示。

圖3-67

步驟 4：單擊「保存」按鈕，單擊「退出」按鈕，關閉「期初錄入」窗口，主界面回到「期初餘額」窗口。

步驟 5：單擊「對帳」按鈕，系統自動完成銷售系統客戶期初餘額與總帳系統客戶往來期初餘額的對帳，如圖 3-68 所示。

圖3-68

(三)庫存系統期初餘額輸入

任務描述

良友電子科技有限公司 2016 年 1 月份原材料庫存期初餘額如表 3-21 所示，週轉材料庫存期初餘額如表 3-22 所示，產成品庫存期初餘額如表 3-23 所示，以倉儲部經理張恭的身分錄入庫存期初餘額。

表 3-21　材料庫原材料期初餘額

存貨編碼	存貨名稱	規格型號	計量單位	單價	數量	金額（元）	部門	業務員	存貨科目
101	AMD－CPU	速龍 II X2,245	個	670	305	204,350.00	供應部	劉謙	1403
102	INTEL－CPU	Core i5,4590	個	950	305	289,750.00	供應部	劉謙	1403
103	銘瑄主板	MS－M3A785G	個	398	305	121,390.00	供應部	劉謙	1403
104	技嘉主板	GA－MA770T－UD3P	個	609	305	185,745.00	供應部	劉謙	1403
105	威剛內存	2GB DDR3,1333	個	345	305	105,225.00	供應部	劉謙	1403
106	金士頓內存	4G DDR3,1600	個	120	305	36,600.00	供應部	劉謙	1403
107	影馳顯卡	GT520 戰狐 D3	個	350	305	106,750.00	供應部	劉謙	1403
108	雙敏顯卡	HD5750 DDR5	個	599	305	182,695.00	供應部	劉謙	1403
109	希捷硬盤 1	1TB SATA2,32M	個	555	305	169,275.00	供應部	劉謙	1403
110	希捷硬盤 2	500GB 7200.12,16M	個	360	305	109,800.00	供應部	劉謙	1403
111	康舒電源	IP－430	個	209	305	63,745.00	供應部	劉謙	1403
112	酷冷至尊電源	RS－400－PCAP－A3	個	199	305	60,695.00	供應部	劉謙	1403
113	長城機箱	W－08	個	128	305	39,040.00	供應部	劉謙	1403
114	撒哈拉機箱	GL6 經典版	個	135	305	41,175.00	供應部	劉謙	1403
		合計				1,716,235.00	──	──	──

表 3-22　材料庫包裝物期初餘額

存貨編碼	存貨名稱	規格型號	計量單位	單價	數量	金額（元）	部門	業務員	存貨科目
201	A 型機包裝箱		套	9	5	45.00	供應部	劉謙	141101
202	B 型機包裝箱		套	8	5	40.00	供應部	劉謙	141101
		合計				85.00			

表 3-23　成品庫產成品期初餘額

存貨編碼	存貨名稱	規格型號	計量單位	單價	數量	金額（元）	部門	業務員	存貨科目
301	A 型計算機	LY50－90A	臺	4,242.95	100	424,295.00	生產部	顏讓	1405
302	B 型計算機	LY50－90B	臺	2,903.38	200	580,676.00	生產部	顏讓	1405
		合計				1,004,971.00	──	──	──

項目三　子系統初始設置

工作導向

步驟1：選擇「庫存」「期初數據」「庫存期初」命令，打開「期初餘額」窗口。

步驟2：單擊倉庫右側下拉列表的倒三角，選擇「材料庫」，單擊存貨大類右側的放大鏡，參照選擇「原材料」，單擊「增加」按鈕，在窗口出現可編輯行，在該行輸入編碼為「101」的「ADM－CPU」材料期初信息，如圖3-69所示。

圖3-69

步驟3：繼續單擊「增加」按鈕，用同樣的方法依次錄入其餘原材料的期初信息，單擊「保存」按鈕。

步驟4：存貨大類選擇「週轉材料」，在材料庫繼續錄入「週轉材料」大類中包裝物的期初信息。

步驟5：「週轉材料」大類中包裝物的期初信息錄入完畢並保存後，倉庫選擇「成品庫」，存貨大類選擇「產成品」，繼續錄入產成品的期初信息並保存。

步驟6：所有存貨期初信息正確錄入之後，單擊「記帳」按鈕，系統將提示「期初記帳成功」，如圖3-70所示。單擊「確定」按鈕，單擊「退出」按鈕關閉「期初餘額」窗口。

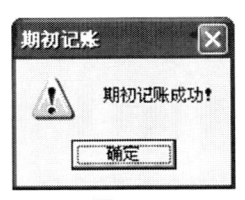

圖3-70

項目四　日常業務處理

目標引領

瞭解暢捷通 T3 軟件各子系統處理日常業務的基本功能。

熟練掌握暢捷通 T3 軟件各個子系統處理會計業務的基本方法。

熟練掌握暢捷通 T3 軟件處理會計業務過程中各子系統的綜合運用。

熟練運用暢捷通 T3 軟件按照會計業務流程完成會計主體一個會計期間的基本業務處理。

情境導入

良友電子科技有限公司在暢捷通 T3 中已經建立了企業帳套，並針對該帳套順利完成了軟件的系統級和子系統級的初始化工作，企業已經具備了運用會計軟件系統處理會計業務的條件。

任務一　總帳管理系統日常業務處理

總帳管理系統的日常業務處理主要包括憑證處理、帳簿管理和出納管理等。其中憑證處理是各項日常業務的基礎，它又包括填製憑證、復核憑證、修改憑證、刪除憑證、記帳、衝銷憑證、查詢憑證和打印憑證等。帳簿管理主要包括帳簿查詢和輸出。出納管理主要涉及票據管理、日記帳查詢與輸出、銀行對帳等。

一、憑證處理

（一）日常憑證處理

任務描述

良友電子科技有限公司 2016 年 1 月發生的部分經濟業務如下，以主管孔禮、

會計孟義和出納李仁的身分在總帳系統通過憑證處理來完成相應的帳務處理工作。

(1)1月4日,企管部華強用現金購置辦公用品一批,價款951.00元,取得普通發票。辦公用品當日發放給企管部102.00元、財務部237.00元、人事部102.00元、資產部102.00元、供應部102.00元、營銷部102.00元、倉儲部102.00元、車間辦102.00元。見附表1-1、1-2。

(2)1月10日,繳納上月增值稅28,890.78元。見附表9-1、9-2。

(3)1月10日,繳納上月城市維護建設稅2,022.36元、教育費附加866.72元、地方教育費附加577.82元。見附表10-1、10-2。

(4)1月11日,上月應付工資總額為62,200.00元,從中代扣個人所得稅152.36元、養老保險4,976.00元、醫療保險1,244.00元、失業保險622.00元及住房公積金4,976.00元,實際發放50,229.64元。見附表11-1、11-2。

(5)1月12日,繳納上月個人所得稅152.36元。見附表12-1、12-2。

(6)1月12日,繳納上月養老保險17,416.00元(其中單位和個人分別負擔12,440.00元和4,976.00元)、醫療保險6,220.00元(其中單位和個人分別負擔4,976.00元和1,244.00元)、失業保險1,866.00元(其中單位和個人分別負擔1,244.00元和622.00元)、工傷保險622.00元(單位負擔)和生育保險622.00元(單位負擔)。見附表13-1、13-2。

(7)1月12日,繳納上月住房公積金9,952.00元(單位和個人分別負擔4,976.00元)。見附表14-1、14-2。

(8)1月13日,公司董事會作出決議,對上年度淨利潤1,200,000元進行分配:按10%計提法定盈餘公積,按5%計提任意盈餘公積,按30%向股東分配現金股利。見附表15。1月13日,結轉上年度利潤分配各明細帳至「未分配利潤」明細帳戶。見附錄業務16。

(9)1月15日,申請銀行匯票,金額8,000元。見附表20-1、20-2。

(10)1月29日,供電公司委託銀行從本公司帳戶劃撥本月電費581.78元。見附表28-1至28-3。

(11)1月29日,通過網上銀行轉帳支付當月職工取暖費8,750.00元。見附表29-1、29-2。

(12)1月31日,預繳納本月企業所得稅119,197.97元。見附表31-1、31-2。

(13)1月31日,分配結轉本月電費837.25元,其中A型計算機耗用248.35元,B型計算機耗用206.40元,車間一般耗用102.85元,管理部門耗用

221.00元,銷售部門耗用58.65元。見附表32。

(14)1月31日,支付報廢世通計算機組裝生產線清理費用50元。見附表45。

(15)1月31日,處置報廢世通計算機組裝生產線殘值收入100元,開出增值稅普通發票,稅率按4%減半計算。見附表46。

(16)1月31日,結轉報廢世通計算機組裝生產線清理淨損失100元。見附表47。

工作導向

1. 填製憑證

步驟1:以會計孟義的身分註冊系統,打開暢捷通T3主窗口。

步驟2:選擇「總帳」、「憑證」、「填製憑證」命令,打開「填製憑證」窗口,如圖4-1所示。

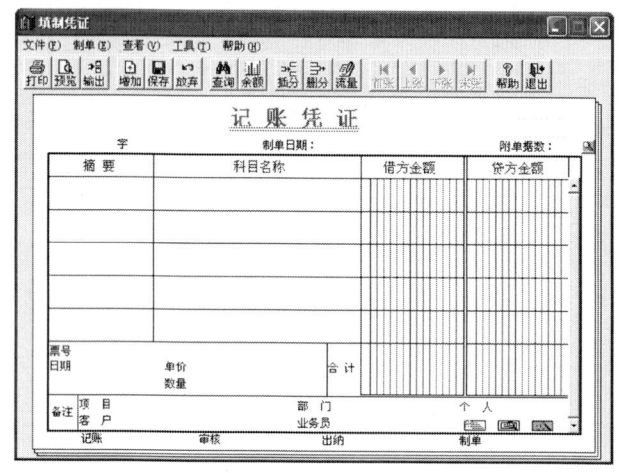

图4-1

步驟3:單擊「增加」按鈕,增加一張空白憑證。

步驟4:選擇憑證類型「付款憑證」;分別輸入:憑證編號「1」、製單日期「2016.01.04」、附單據數「2」。

步驟5:按回車鍵,光標進入摘要欄,輸入摘要「購置辦公用品」。回車,輸入借方科目名稱「管理費用 辦公費(660207)」,回車,輸入借方金額747.00元。回車,光標進入第二行摘要欄,並自動帶出摘要「購置辦公用品」,回車,輸入第二個借方科目名稱「銷售費用 辦公費(660107)」,回車輸入借方金額102.00元。同樣的方法,在第三行輸入第三個借方科目「製造費用 辦公費(510102)」及其金額102.00元。

步驟6:回車,在第四行輸入貸方科目名稱「庫存現金(1001)」,回車,光標移到貸方金額欄,在鍵盤上按「=」鍵,系統自動輸入貸方金額。

步驟7：檢查憑證無誤後，單擊「保存」按鈕，系統彈出「憑證已成功保存！」提示框，如圖4-2所示。單擊「確定」按鈕。單擊「退出」按鈕關閉填製憑證窗口。

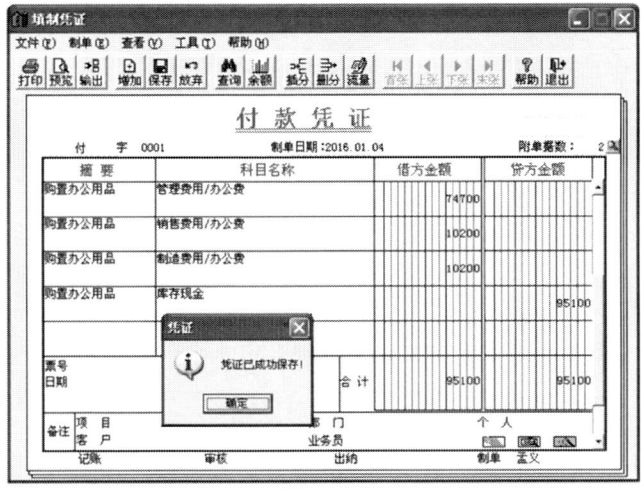

圖4-2

自主探究

以會計孟義的身分填製良友電子科技有限公司2016年1月份發生的其餘經濟業務的記帳憑證。

2. 復核憑證

(1)出納簽字。

步驟1：單擊主窗口的「文件」菜單，以出納李仁身分重新註冊。

步驟2：選擇「總帳」|「憑證」|「出納簽字」命令，打開「出納簽字」對話框，輸入查詢條件，可採用默認值，如圖4-3所示。

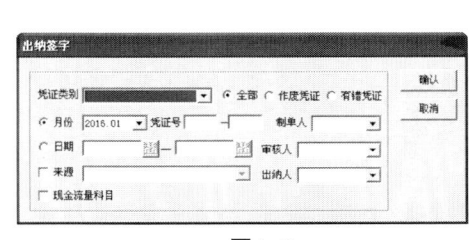

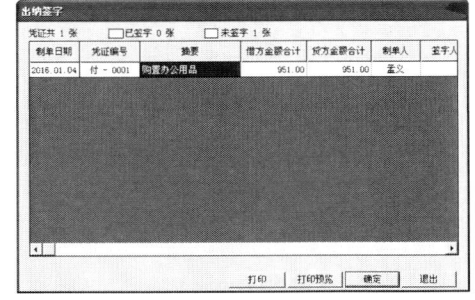

圖4-3　　　　　　　　圖4-4

步驟3：單擊「確認」按鈕，進入「出納簽字」憑證列表對話框，如圖4-4所示。

步驟4：雙擊某張要簽字的憑證或者單擊「確定」按鈕，打開「出納簽字」窗口，選擇「出納」|「簽字」命令或單擊「簽字」按鈕，憑證底部的「出納」處自動簽上出納人員姓名，如圖4-5所示。單擊「退出」按鈕退出。

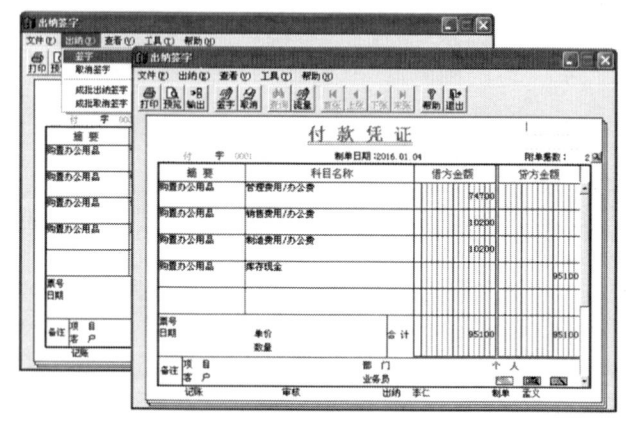

圖4-5

自主探究

以出納李仁的身分對良友電子科技有限公司2016年1月份發生的其餘收款和付款憑證進行出納簽字。

(2)審核憑證。

步驟1：單擊主窗口的「文件」菜單，以主管孔禮身分重新註冊。

步驟2：選擇「總帳」|「憑證」|「審核憑證」命令，打開「憑證審核」對話框，輸入查詢條件，可採用默認值，如圖4-6所示。

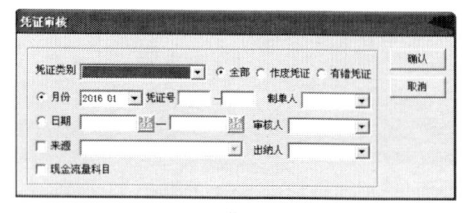

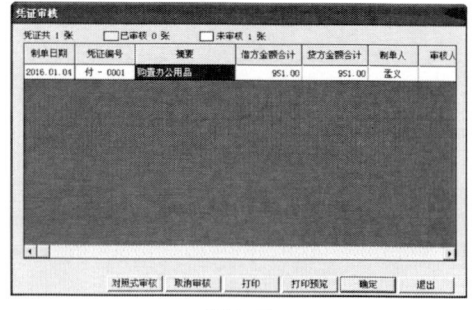

圖4-6　　　　　　　　　　　圖4-7

步驟3：單擊「確認」按鈕，進入「憑證審核」憑證列表對話框，如圖4-7所示。

步驟4：雙擊某張要審核的憑證或者單擊「確定」按鈕，打開「審核憑證」窗口，選擇「審核」|「審核憑證」命令或單擊「審核」按鈕，憑證底部的「審核」處自動簽上審

核人員姓名,如圖 4-8 所示。單擊「退出」按鈕退出。

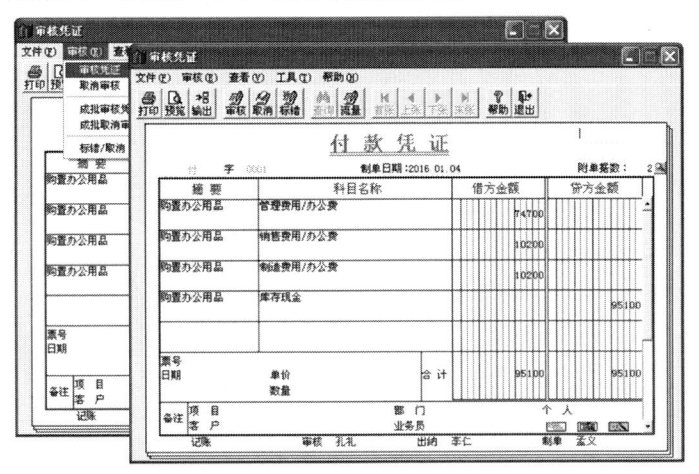

圖 4-8

自主探究

以主管孔禮的身分對良友電子科技有限公司 2016 年 1 月份發生的其餘記帳憑證進行審核。

3. 修改憑證

良友電子科技有限公司 2016 年 1 月 10 日所填製的付字 0003 號付款憑證經出納進一步復核後,發現用錯了會計科目:繳納上月增值稅應借記「應交稅費——未交增值稅」科目,結果誤借記入了「應交稅費——應交增值稅——已交稅金」科目,現在予以更正。

步驟 1:以主管孔禮身分註冊系統,選擇「總帳」「憑證」「審核憑證」命令,進入「憑證審核」對話框,如圖 4-9 所示。選中付-0003 憑證,單擊「取消審核」按鈕,則該憑證的審核簽字被取消,如圖 4-10 所示。單擊「確定」按鈕,打開「審核憑證」窗口,單擊「標錯」按鈕,則該張憑證被註有錯,如圖 4-11 所示。

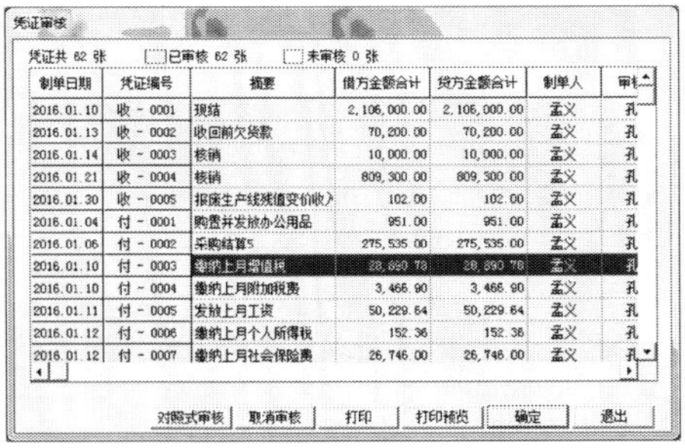

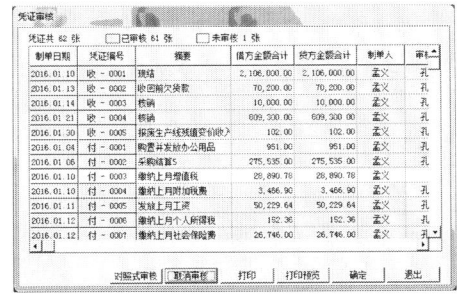

圖 4-9　　　　　圖 4-10

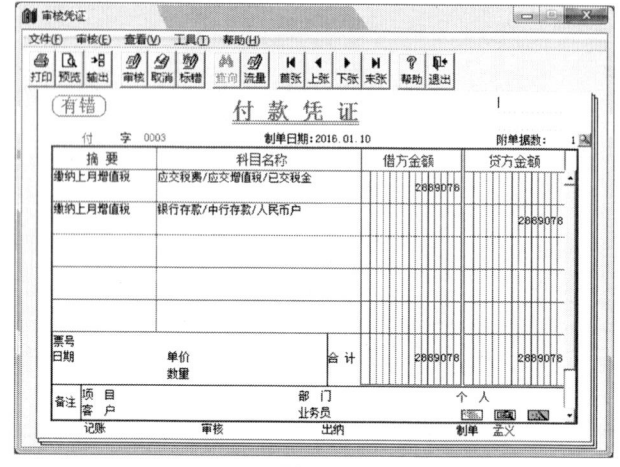

图4-11

步驟2：以出納李仁身分重新註冊，選擇「總帳」「憑證」「出納簽字」命令，打開「出納簽字」對話框，選中付-0003憑證，如圖4-12所示。單擊「確定」按鈕，打開「出納簽字」窗口，單擊「取消」按鈕，則該張憑證的出納簽字被取消，如圖4-13所示。

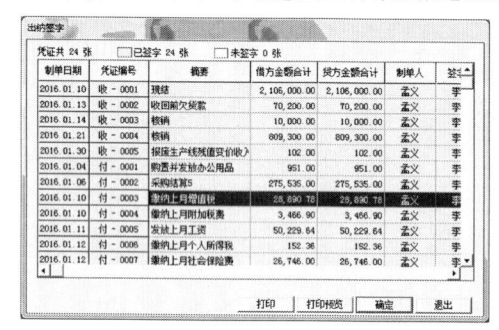

圖4-12

圖4-13

步驟3：以會計孟義身分重新註冊，選擇「總帳」「憑證」「填製憑證」命令，打開「填製憑證」窗口。單擊「查詢」按鈕，輸入查詢條件(有錯憑證)，找到要修改的憑證，如圖4-14所示，單擊「確認」按鈕，調出要修改的憑證。

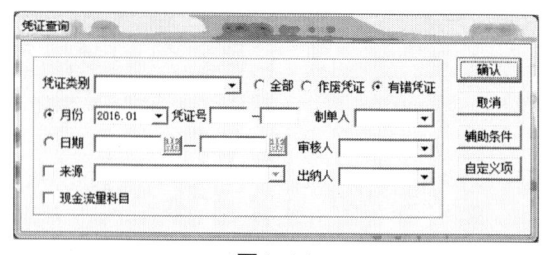

圖4-14

步驟4：將光標放在要修改的地方，直接修改即可，如圖4-15所示。修改之後單擊

項目四　日常業務處理

「保存」按鈕,系統彈出「憑證已成功保存!」提示框,單擊「確定」按鈕,如圖4-16所示。

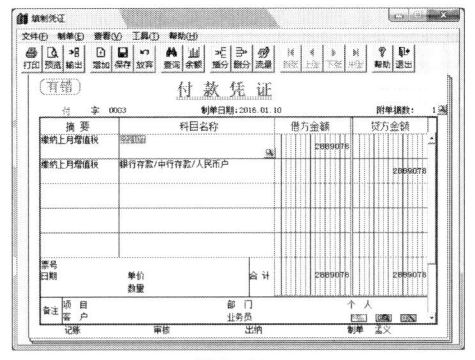

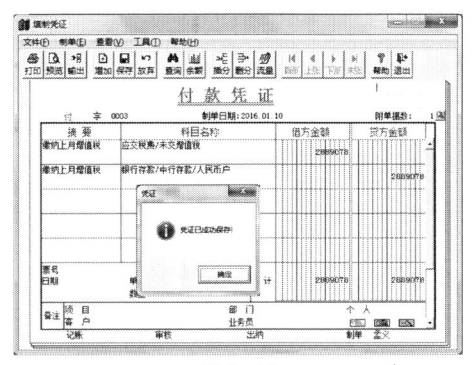

圖4-15　　　　　　　　　　　　　　圖4-16

自主探究

若在憑證處理過程中出現了其他錯誤憑證,以會計孟義的身分對錯誤憑證進行更正。

4.刪除憑證

如果填製了多餘的憑證或憑證有較大的錯誤,且尚未記帳,也可選擇直接刪除該憑證。

步驟1:在「填製憑證」窗口,先查詢到要作廢的憑證。

步驟2:選擇「製單」|「作廢 恢復」命令。

步驟3:憑證的左上角顯示「作廢」,表示該憑證已作廢。

步驟4:選擇「製單」|「整理」命令,打開「選擇憑證期間」對話框。

步驟5:選擇要整理的「月份」。

步驟6:單擊「確定」按鈕,打開「作廢憑證表」對話框。

步驟7:選擇真正要刪除的作廢憑證。

步驟8:單擊「確定」按鈕,系統提醒「是否還需整理憑證斷號?」,用戶根據情況進行選擇,憑證將從數據庫中刪除。

5.記帳

已填製並經審核無誤的記帳憑證,可據以登記各種帳簿。良友電子科技有限公司1月份所填製的記帳憑證經過審核完全正確(其中「付字0003號」憑證已經更正),現以會計孟義的身分完成記帳。

步驟1:選擇「總帳」|「憑證」|「記帳」命令,打開「記帳」對話框,單擊「全選」按鈕,選擇記帳的憑證範圍,如圖4-17所示。

87

步驟2：單擊「下一步」按鈕，顯示記帳報告信息，如圖4-18所示。

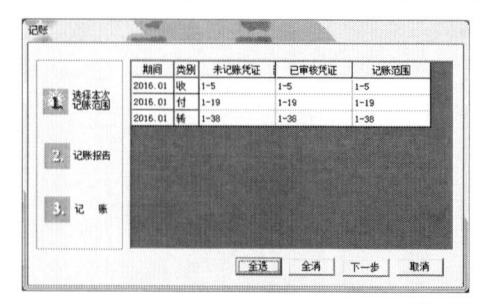

圖4-17

圖4-18

步驟3：單擊「下一步」按鈕，提示「記帳」，如圖4-19所示。

步驟4：單擊「記帳」按鈕，記帳系統彈出「期初試算平衡表」對話框，如圖4-20所示。

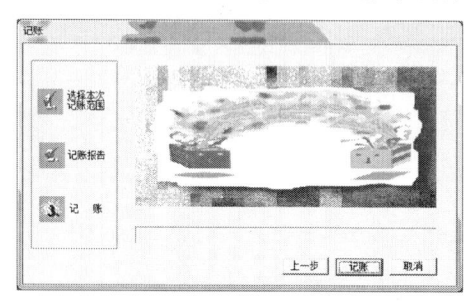

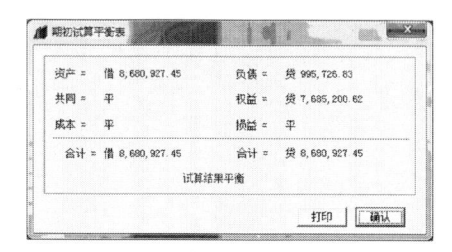

圖4-19

圖4-20

步驟5：單擊「確認」按鈕，系統開始記帳，之後彈出提示信息「記帳完畢！」，如圖4-21所示。

圖4-21

6.衝銷憑證

若有錯憑證已記帳，為了保持帳面記錄的原有面貌，應當選擇紅字衝銷法進行更正。其基本步驟是：

步驟1：在「填製憑證」窗口，選擇「製單」「衝銷憑證」命令，打開「衝銷憑證」對話框。

步驟2：輸入「月份」「憑證類別」「憑證號」等信息。

步驟3：單擊「確定」按扭，系統自動生成一張紅字衝銷憑證。

7.查詢憑證

良友電子科技有限公司2016年1月所有的經濟業務均已完成憑證的填製和記帳工作，以會計孟義的身分查詢本月填製的收款、付款和轉帳憑證各有多少張。

步驟1：選擇「總帳」|「憑證」|「查詢憑證」命令，打開「憑證查詢」對話框。

步驟2：輸入查詢條件「收款憑證、已記帳憑證」，如圖4-22所示。

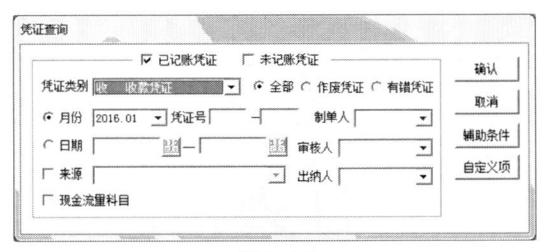

圖4-22

步驟3：單擊「確認」按鈕，進入「查詢憑證」列表對話框，顯示出收款憑證共5張，如圖4-23所示。

步驟4：雙擊某個憑證，則首先顯示出該張憑證；若單擊「確定」按鈕，則從第一張顯示符合查詢條件的憑證，如圖4-24所示。

步驟5：單擊「下張」按鈕，繼續查詢其他符合條件的憑證。

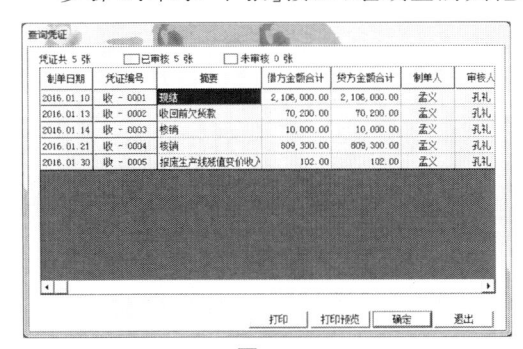

圖4-23　　　　圖4-24

(二)月末自動轉帳

1.自動轉帳設置

(1)自定義轉帳。

任務描述

良友電子科技有限公司2016年1月的部分經濟業務如下，1月31日以會計孟

義的身分完成這些業務的轉帳定義和轉帳憑證生成。

①以生產工人工資為標準分配結轉製造費用。見附錄業務48。

②計提借款利息,年利率為6%。見附錄業務49。

③按應收帳款餘額的0.5%計提壞帳準備。見附錄業務50。

④分別按應交增值稅的7%、3%和2%計算應交城市維護建設稅、應交教育費附加和應交地方教育費附加。見附錄業務51。

⑤計算應交所得稅,稅率為25%。見附錄業務57。

工作導向

步驟1:選擇「總帳」「期末」「轉帳定義」「自定義結轉」命令,打開「自動轉帳設置」對話框。

步驟2:單擊「增加」按鈕,打開「轉帳目錄」對話框。

步驟3:輸入轉帳序號「0001」,轉帳說明「結轉製造費用」;選擇憑證類別「轉 轉帳憑證」,如圖4-25所示。

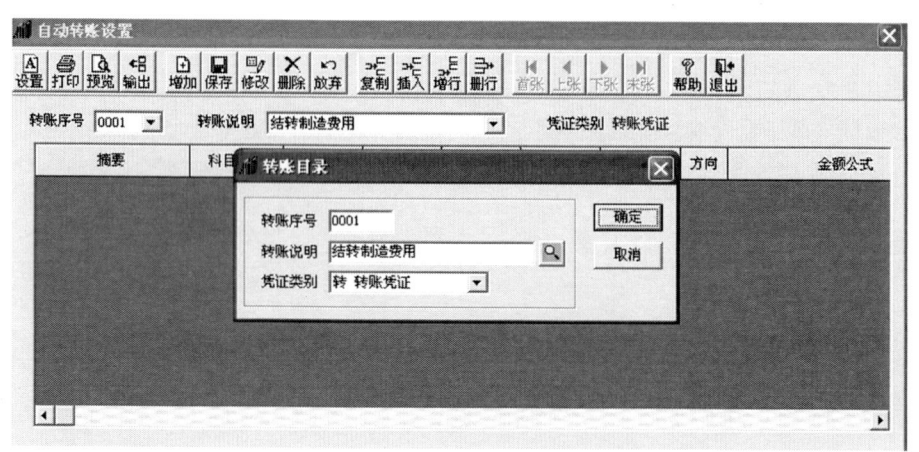

圖4-25

步驟4:單擊「確定」按鈕,在編輯區第一行選擇科目編碼「500104」,項目輔助核算選擇「LY50-90A臺式計算機」,方向為「借」,金額公式輸入「QM(5101,月,借)(6,208.74+5,503.35)*6,208.74」。

步驟5:單擊「增行」按鈕,繼續輸入借方科目信息,項目輔助核算選擇「B產品」,金額公式輸入「QM(5101,月,借)(6,208.74+5,503.35)*5,503.35」。

步驟6:確定分錄的貸方信息,選擇科目編碼「510108」,雙擊該行的方向欄,選擇「貸」,輸入金額公式「JG()或QM(5101,月)」,如圖4-26所示。

項目四　日常業務處理

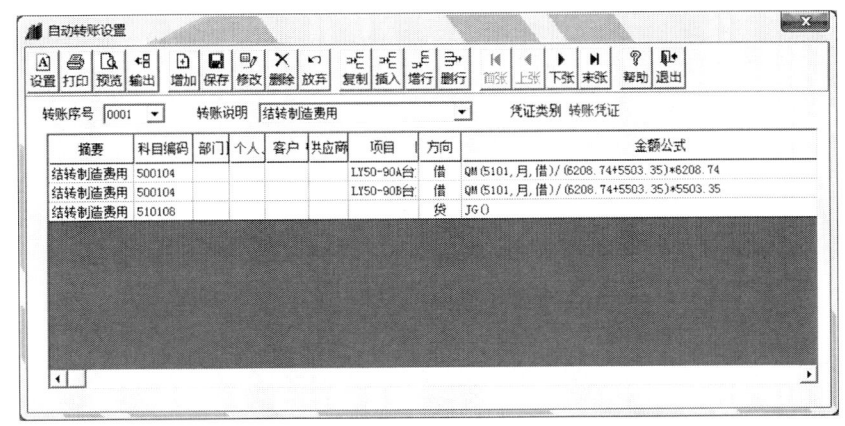

圖4-26

步驟7：單擊「保存」按鈕，再單擊「退出」按鈕退出。

步驟8：選擇「總帳」｜「期末」｜「轉帳生成」命令，進入「轉帳生成」窗口，選擇「自定義轉帳」單選按鈕，雙擊「是否結轉」，顯示「Y」，單擊「確定」按鈕，生成轉帳憑證，單擊保存，憑證左上角顯示「已生成」，如圖4-27所示。

步驟9：更換操作員，審核憑證並記帳。

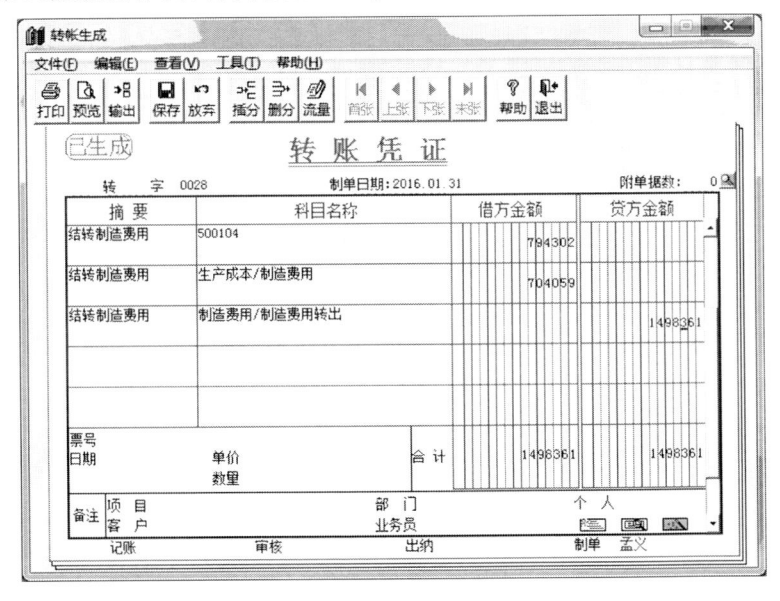

圖4-27

自主探究

以會計孟義的身分完成良友電子科技有限公司當月其餘自定義業務的轉帳定

91

義和轉帳憑證生成。

（2）匯兌損益結轉。

任務描述

2016年1月31日，人民幣兌美元、歐元和英鎊等三種外幣的匯率分別為 $1＝¥6.578,90，€1＝¥7.122,50，£1＝¥9.372,10。以會計孟義的身分完成良友電子科技有限公司當月各種外幣匯兌損益結轉的轉帳定義和轉帳憑證生成。見附錄業務54。

工作導向

步驟1：選擇「基礎設置」「財務」「外幣種類」命令，打開「外幣設置」對話框，選中美元，在2016年01月的調整匯率中輸入6.578,90，如圖4-28所示。再用同樣的方法完成歐元和英鎊兩種外幣調整匯率的設置，單擊「退出」按鈕。

步驟2：選擇「總帳」「期末」「轉帳定義」「匯兌損益」命令，打開「匯兌損益結轉設置」對話框。在匯兌損益入帳科目中選擇「財務費用 匯兌損益（660304）」，在「是否計算匯兌損益」下方表格中雙擊，表格中填入字母「Y」，如圖4-29所示。單擊「確定」按鈕退出。

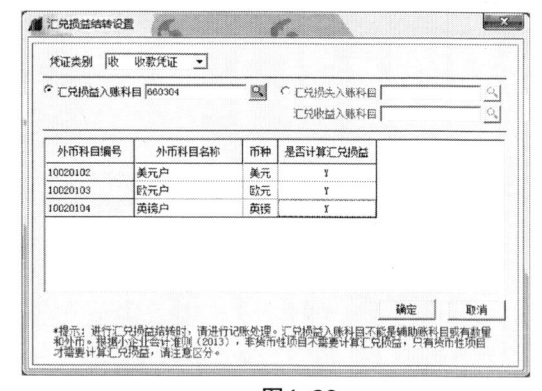

圖4-28　　　　　　　　　　　　　圖4-29

步驟3：選擇「總帳」「期末」「轉帳生成」命令，打開「轉帳生成」對話框。外幣幣種選擇「空白」，單擊「全選」按鈕，如圖4-30所示。

圖4-30

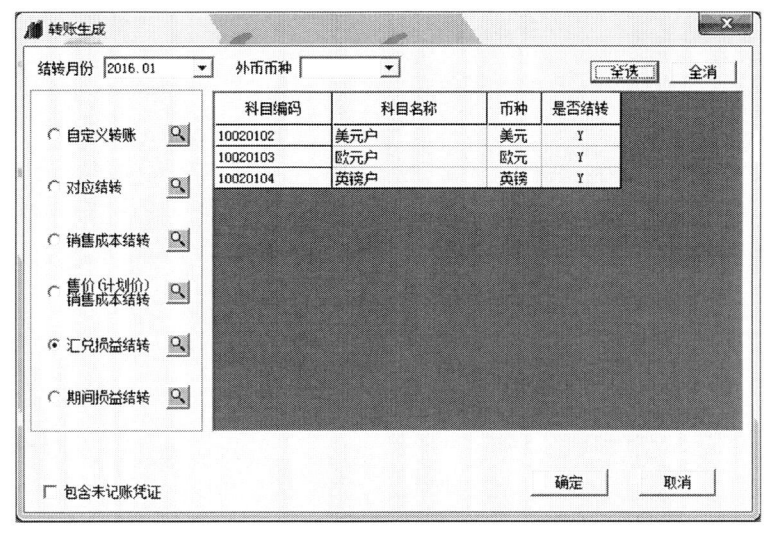

步驟4：單擊「確定」按鈕，打開「匯兌損益試算表」對話框，如圖4-31所示。

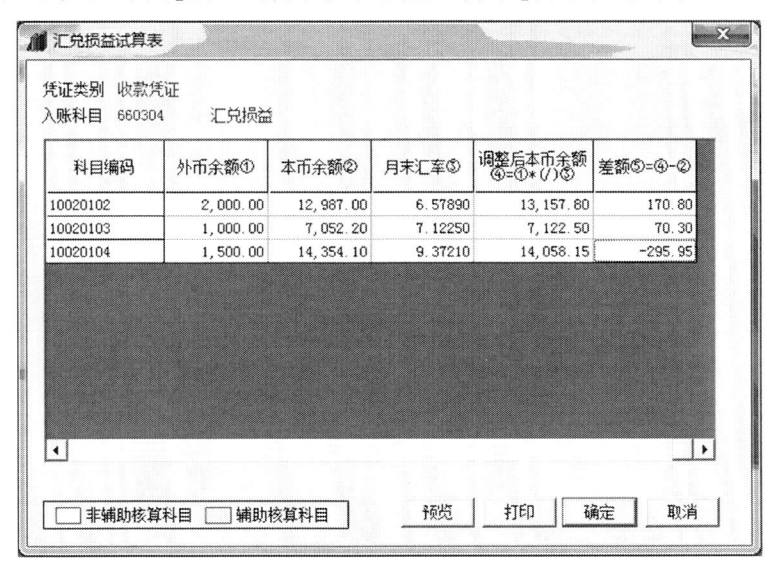

圖4-31

步驟5：單擊「確定」按鈕，打開「轉帳生成」窗口，修改憑證字號為「付字0017」，附單據數填入「1」，單擊「保存」按鈕，系統提示憑證已生成，如圖4-32所示。

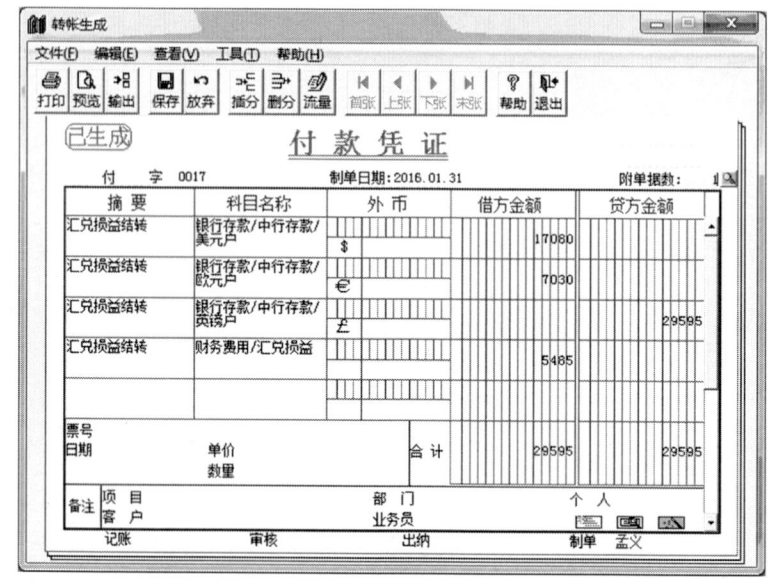

图4-32

(3) 期間損益結轉。

任務描述

良友電子科技有限公司2016年1月的部分經濟業務如下，1月31日以會計孟義的身分完成這些業務的轉帳定義和轉帳憑證生成。

①結轉當月收入、收益類帳戶。見附錄業務55。
②結轉當月費用、支出類帳戶。見附錄業務56。
③結轉所得稅費用。見附錄業務58。

工作導向

步驟1：選擇「總帳」｜「期末」｜「轉帳定義」｜「期間損益」命令，打開「期間損益結轉設置」對話框。憑證類別設置為「轉　轉帳憑證」，本年科目參照設置為「4103」，如圖4-33所示。單擊「確定」按鈕。

項目四　日常業務處理

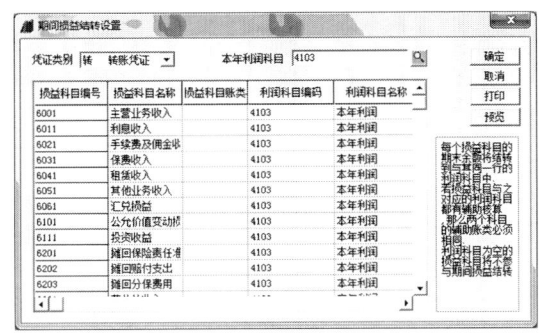

圖4-33

步驟2：選擇「總帳」|「期末」|「轉帳生成」|命令，打開「轉帳生成」對話框。選中「期間損益結轉」單選框，類型選擇「收入」，單擊「全選」按鈕，如圖4-34所示。

圖4-34

步驟3：單擊「確定」按鈕，打開「轉帳生成」窗口，憑證字號填入「轉字0033」，單擊「保存」按鈕，顯示憑證已生成，如圖4-35所示。

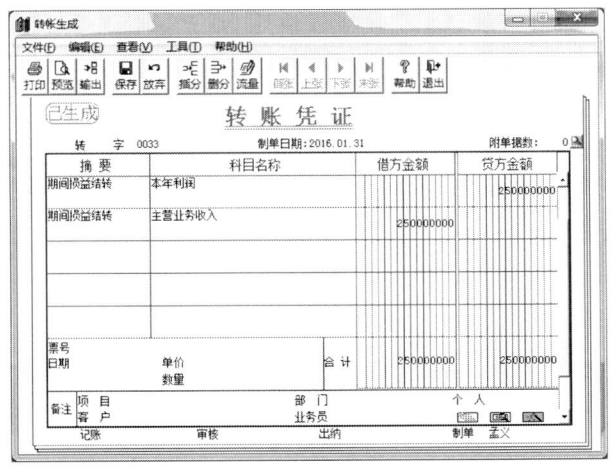

圖4-35

95

自主探究

以會計孟義的身分完成良友電子科技有限公司當月期間費用和所得稅費用的結轉。

(4)對應結轉。

任務描述

1月31日,以會計孟義的身分完成良友電子科技有限公司當月未交增值稅的結轉,見附錄業務59。

工作導向

步驟1:選擇「總帳」「期末」「轉帳定義」「對應結轉」命令,打開「對應結轉設置」對話框。先輸入編號、憑證類別、摘要、轉出科目編碼等內容,再單擊「增行」按鈕,在所增加的行中輸入科目編碼「222107」、結轉系數「1」,單擊「保存」按鈕,如圖 4-36所示。

步驟2:用同樣的方法,進行增值稅銷項稅結轉的設置,如圖4-37所示。

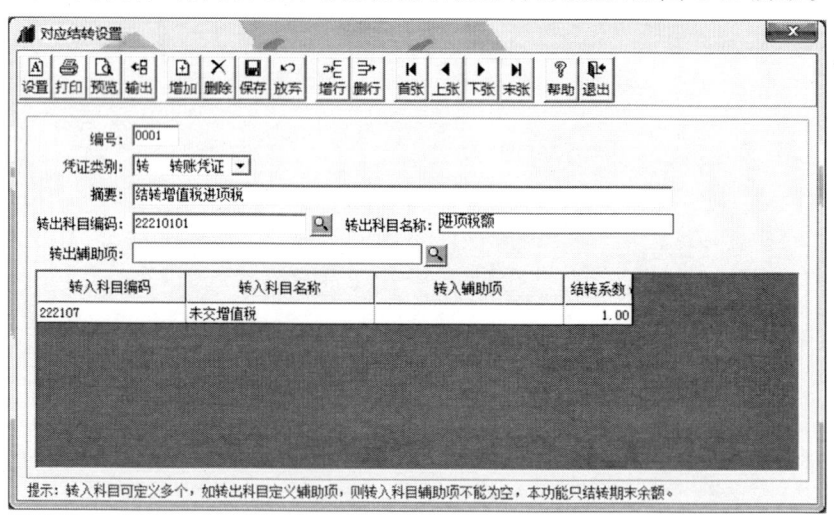

圖4-36

項目四　日常業務處理

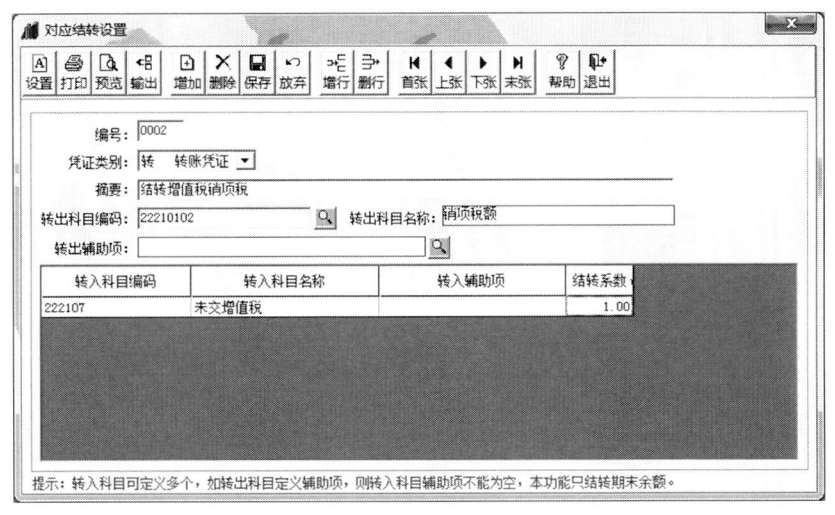

图4-37

步骤3：選擇「總帳」|「期末」|「轉帳生成」|命令，打開「轉帳生成」對話框。選中「對應結轉」單選框，單擊「全選」按鈕，如圖4-38所示。

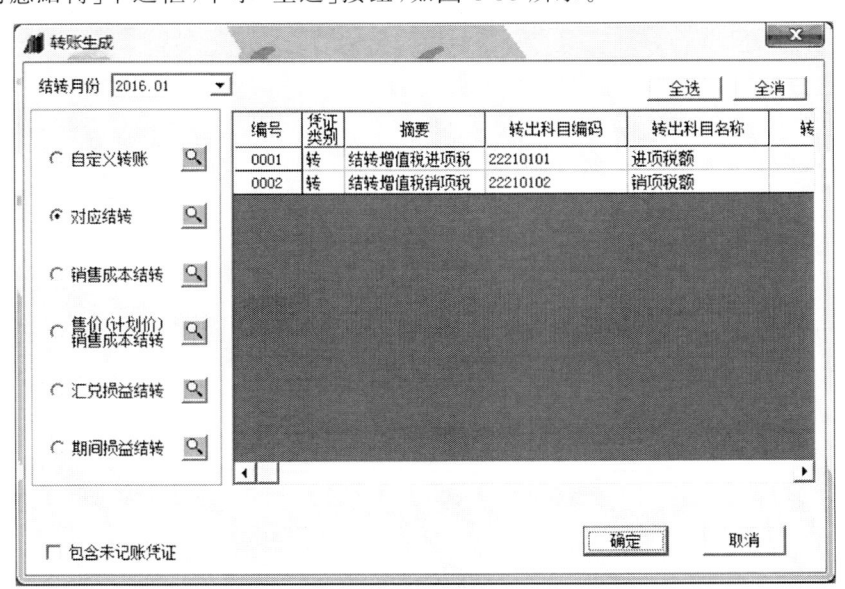

图4-38

步骤4：單擊「確定」按鈕，打開「轉帳生成」窗口，兩張憑證的字號分別為「轉字0037」和「轉字0038」，單擊「編輯」菜單，選擇「批量保存」，生成兩張憑證，如圖4-39和圖4-40所示，其中轉字0037號憑證是紅字憑證。

圖4-39

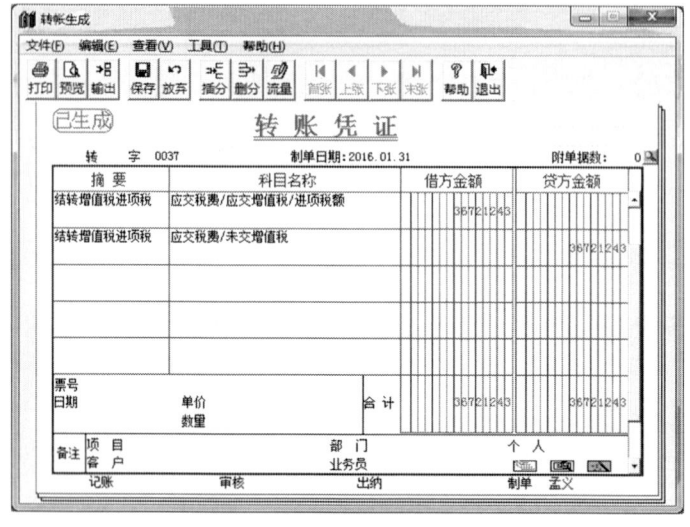

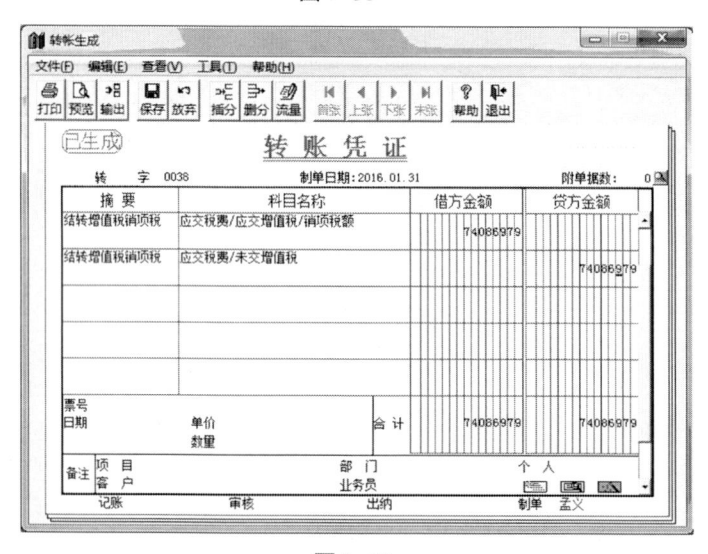

圖4-40

自主探究

以會計孟義的身分完成良友電子科技有限公司上年利潤分配各明細帳戶結轉至未分配利潤明細帳戶的轉帳定義和轉帳憑證生成。

二、帳簿查詢

(一)基本帳簿查詢

1. 總帳查詢

任務描述

1月31日,以會計孟義的身分完成對良友電子科技有限公司當月相關科目的總帳查詢。

工作導向

步驟1:選擇「總帳」|「帳簿查詢」|「總帳」命令,打開「總帳查詢條件」對話框,輸入要查詢的科目,如圖4-41所示。

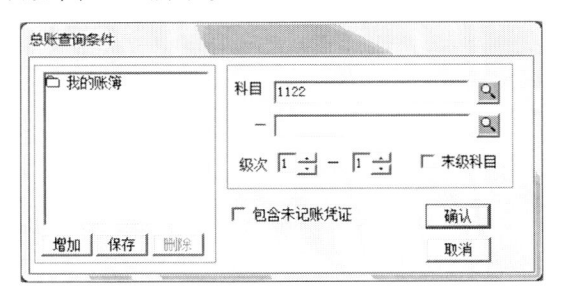

圖4-41

步驟2:單擊「確認」按鈕,打開要查詢的總帳帳戶,如圖4-42所示。

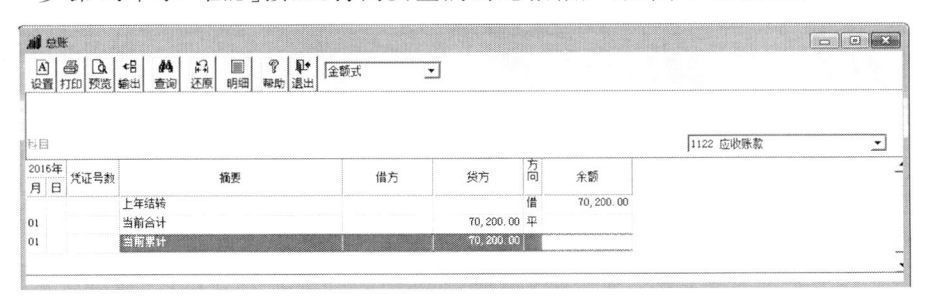

圖4-42

自主探究

分別以主管孔禮、會計孟義的身分對6月份良友電子科技有限公司其餘會計科目進行總帳查詢。

2.發生額及餘額的查詢

1月31日,以會計孟義的身分完成對良友電子科技有限公司當月發生額及餘額的查詢。

步驟1:選擇「總帳」「帳簿查詢」「餘額表」命令,打開「發生額及餘額查詢條件」對話框,輸入要查詢的條件,如圖4-43所示。

圖4-43

步驟2:單擊「確認」按鈕,打開「發生額及餘額表」窗口,如圖4-44所示。

步驟3:單擊「累計」按鈕,表格自動增加借、貸方累計發生額兩個欄目。

圖4-44

3.明細帳的查詢

任務描述

T3系統可以查詢的明細帳包括三欄式、數量金額式、外幣金額式、多欄式等。

工作導向

(1)三欄式、數量金額式、外幣金額式明細帳查詢。

步驟:選擇「總帳」|「帳簿查詢」|「明細帳」命令,打開「明細帳查詢條件」對話框,輸入要查詢的科目(2211),單擊「確認」按鈕,打開「應付職工薪酬明細帳」窗口。若會計科目設置了數量核算或外幣核算,則可通過「帳頁格式」下拉菜單選擇查詢數量金額式和外幣金額式明細帳,如圖4-45所示。

圖4-45

(2)多欄式明細帳查詢。

步驟1:選擇「總帳」|「帳簿查詢」|「多欄帳」命令,打開「多欄帳」對話框,如圖4-46所示。

步驟2:單擊「增加」按鈕,打開「多欄帳定義」對話框,單擊「核算科目」下拉菜單,選擇要查詢的科目,如圖4-47所示。

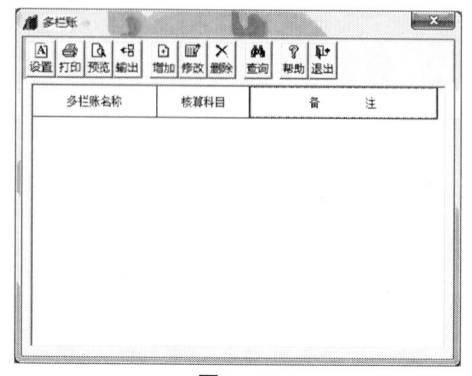

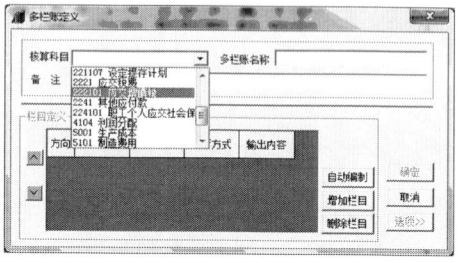

图4-46

图4-47

步驟3：單擊「自動編製」按鈕，對話框中的「欄目定義」顯示如圖4-48所示的內容。

步驟4：單擊「選項」按鈕，選中「分析欄目前置」單選框，並將「進項稅額、已交稅金」的方向修改為「貸」，如圖4-49所示。

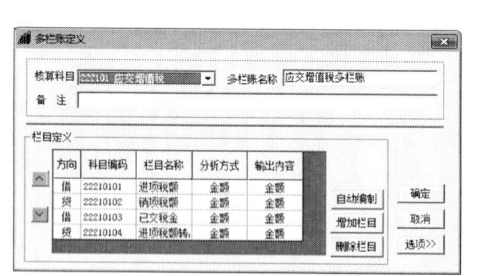

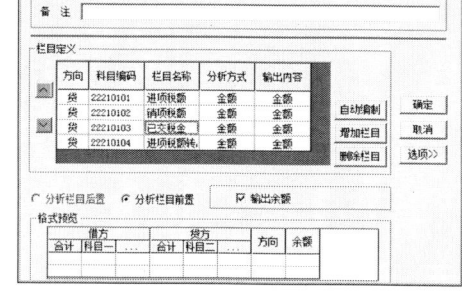

图4-48

图4-49

步驟5：單擊「確定」按鈕，完成「多欄帳定義」，如圖4-50所示。

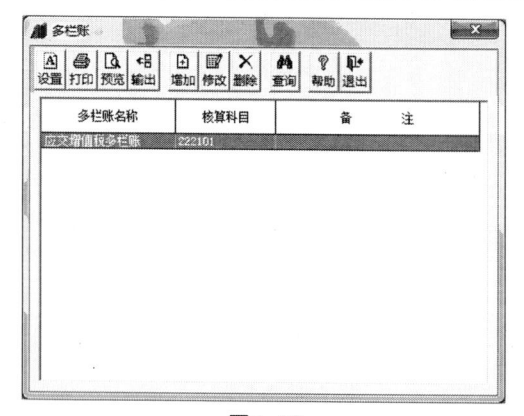

图4-50

图4-51

步驟6：單擊「查詢」按鈕，打開「多欄帳查詢」對話框，如圖4-51所示。

步驟7：單擊「確認」按鈕，顯示出要查詢的帳戶，如圖4-52所示。

圖4-52

自主探究

分別以主管孔禮、會計孟義的身分查詢6月份良友電子科技有限公司所發生的經濟業務涉及的明細帳、多欄帳。

(二)輔助帳查詢

以會計孟義的身分對良友電子科技有限公司的輔助帳進行查詢。

1. 部門輔助帳查詢

步驟：選擇「總帳」,「輔助查詢」命令，然後根據需要查詢部門總帳、部門明細帳等。

2. 個人往來輔助帳查詢

步驟：選擇「總帳」,「輔助查詢」命令，然後根據需要查詢個人往來餘額表、個人往來明細帳等。

3. 供應商往來輔助帳查詢

步驟：選擇「往來」,「帳簿」命令，然後根據需要查詢客戶餘額表、客戶往來明細帳、供應商餘額表、供應商往來明細帳等。

4. 項目輔助帳查詢

步驟：選擇「項目」,「帳簿」命令，然後根據需要查詢項目總帳、項目明細帳等。

三、出納管理

(一)日記帳的查詢

以出納的身分對良友電子科技有限公司的日記帳進行查詢。

步驟1：以出納的身分，選擇「現金」,「現金管理」,「日記帳」,「現金日記帳」命令，打開「現金日記帳查詢條件」對話框，如圖4-53所示。

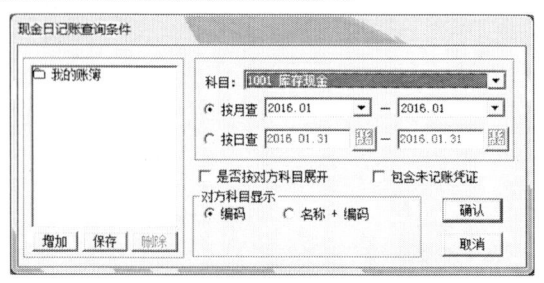

图4-53

步驟2：單擊「確認」按鈕，打開要查詢的帳戶，如圖4-54所示。

图4-54

(二)票據管理

以出納的身分對良友電子科技有限公司進行票據管理。

步驟1：以出納的身分，選擇「現金」|「票據管理」|「支票登記簿」命令，打開「銀行科目選擇」對話框，選擇要查詢的科目，如圖4-55所示。

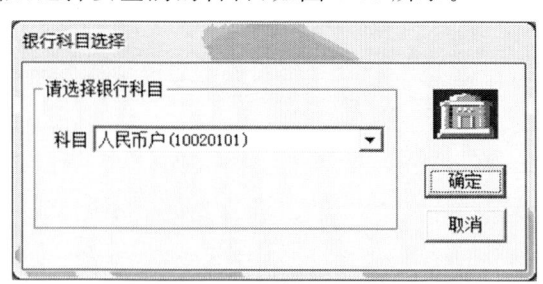

图4-55

步驟2：單擊「確定」按鈕，打開「支票登記」窗口，如圖4-56所示。根據需要進行相關操作。

図4-56

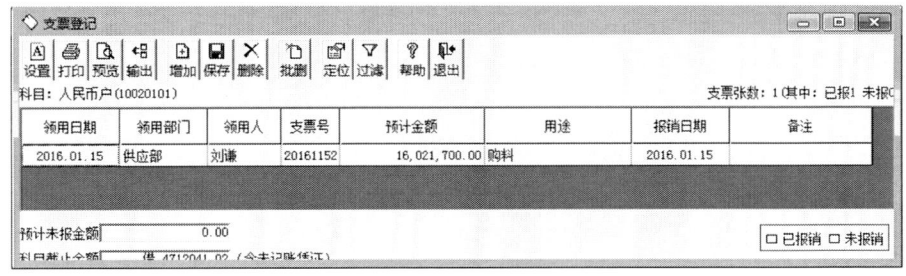

(三)銀行對帳

任務描述

為掌握本公司銀行存款的實際情況,良友電子科技有限公司李仁依照規定於2016年1月31與開戶行核對帳目。

工作導向

1. 銀行對帳期初數據的輸入

良友電子科技有限公司銀行帳的啟用日期是2016年1月1日,公司的中行人民幣存款日記帳的調整前餘額是2,600,000.00元,銀行對帳單餘額是2,550,000.00元,一筆未達帳項50,000.00元,是企業2015年12月28日收到的廣州中天計算機商貿有限公司的貨款,銀行尚未收到。

步驟1:選擇「現金」「設置」「銀行期初輸入」命令,打開「銀行科目選擇」對話框,如圖4-57所示。

步驟2:選擇科目「人民幣戶(10020101)」,單擊「確定」按鈕,打開「銀行對帳期初」對話框。單擊「方向」按鈕,系統彈出提示框,詢問是否改變銀行對帳單的餘額方向,單擊「是」按鈕,如圖4-58所示。

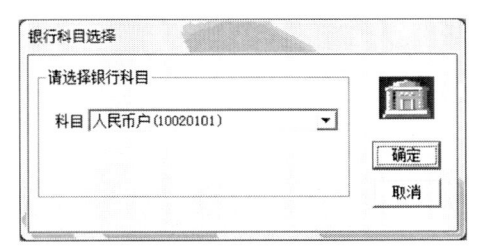

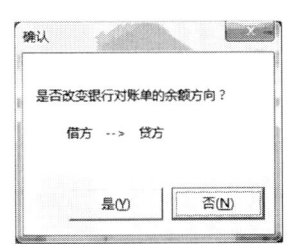

圖4-57　　　　　　　　圖4-58

步驟3:啟用日期設為2016.01.01,輸入單位日記帳調整前餘額2,600,000.00

和銀行對帳單調整前餘額 2,550,000.00。

步驟 4：單擊「日記帳期初未達帳項」按鈕，打開「企業方期初」窗口，單擊「增加」按鈕，輸入日期 2015.12.28、結算方式 202、借方金額 50,000.00 等信息，單擊「保存」按鈕，如圖 4-59 所示。

步驟 5：單擊「退出」按鈕，返回「銀行對帳期初」對話框，如圖 4-60 所示。

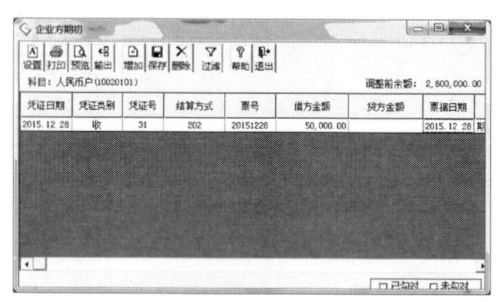

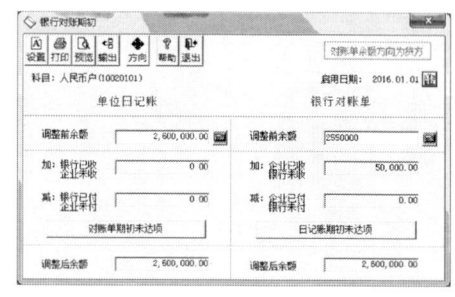

圖4-59   圖4-60

2. 輸入銀行對帳單

開戶行為良友電子科技有限公司提供的 2016 年 1 月的銀行對帳單如表 4-1 所示，出納李仁將其輸入系統。

表4-1　中國銀行客戶存款對帳單

網點號：0701　　　　　　　　　幣種：人民幣（本位幣）　　　　　　　　　單位：元

帳號：6906231798036901147 2753　　戶名：良友電子科技有限公司　　上頁餘額：2,550,000.00

日期	交易類型	對方戶名	摘要	借方發生額	貸方發生額	餘額
1月6日	跨行	鄭州德勤	採購結算3_轉帳支票_201601061	275,535.00		2,274,465.00
1月10日	聯行	鄭州冠邦	現結_轉帳支票_201601101		2,106,000.00	4,380,465.00
1月10日	轉帳	國稅局	繳納上月增值稅_網銀電子匯兌_201601101	28,890.78		4,351,574.22
1月10日	轉帳	地稅局	繳納上月附加稅費_網銀電子匯兌_201601102	3,466.90		4,348,107.32
1月11日	轉帳	良友員工	發放上月工資_網銀電子匯兌_201601111	50,229.64		4,297,877.68
1月12日	轉帳	地稅局	繳納上月個人所得稅_網銀電子匯兌_201601121	152.36		4,297,725.32
1月12日	轉帳	鄭州社保局	繳納上月社會保險費_網銀電子匯兌_201601122	26,746.00		4,270,979.32
1月12日	轉帳	住房公積金中心	繳納上月住房公積金_網銀電子匯兌_201601123	9,952.00		4,261,027.32

續　表

日期	交易類型	對方戶名	摘要	借方發生額	貸方發生額	餘額
1月13日	跨行	廣州中天	收回前欠貨款_轉帳支票_201601131		69,498.00	4,330,525.32
1月13日	跨行	鄭州德勤	支付前欠貨款_轉帳支票_201601132	189,540.00		4,140,985.32
1月13日	跨行	北京富康	支付前欠貨款_轉帳支票_201601133	115,355.40		4,025,629.92
1月14日	跨行	洛陽九都	核銷_銀行匯票_201601141		10,000.00	4,035,629.92
1月15日	跨行	北京富康	辦理銀行匯票_201601151	8,000.00		4,027,629.92
1月17日	轉帳	北京富康	補付貨款_電匯_201601171	144,211.00		3,883,418.92
1月21日	跨行	洛陽九都	核銷_電匯_201601211		809,333.00	4,692,751.92
1月29日	轉帳	中原大唐	支付電費_委託收款_201601291	581.78		4,692,170.14
1月29日	轉帳	良友員工	發放取暖費_網銀電子匯兌_201601292	8,750.00		4,683,420.14
1月30日	聯行	南陽世通	購置組裝線_銀行匯票_201601301	5,850.00		4,677,570.14
1月31日	轉帳	國稅局	預繳本月所得稅_網銀電子匯兌_201601302	119,197.97		4,558,372.17

截至2016年01月31日,帳戶餘額:4,558,372.17　保留餘額:0.00　凍結餘額:0.00　透支餘額:0.00

步驟1:選擇「現金」「現金管理」「銀行帳」「銀行對帳單」命令,打開「銀行科目選擇」對話框。選擇科目「人民幣戶(10020101)」、月份設為「2016.01—2016.01」,如圖4-61所示。

圖4-61

步驟2:單擊「確定」按鈕,打開「銀行對帳單」窗口。單擊「增加」按鈕,輸入銀行對帳單信息,之後單擊「保存」按鈕,如圖4-62所示。

日期	結算方式	票號	借方金額	貸方金額	余額
2016.01.06	202	201601061	275,535.00		2,274,465.00
2016.01.10	202	201601101		2,106,000.00	4,380,465.00
2016.01.10	603	201601101	28,890.78		4,351,574.22
2016.01.10	603	201601102	3,466.90		4,348,107.32
2016.01.11	603	201601111	50,229.64		4,297,877.68
2016.01.12	603	201601121	152.36		4,297,725.32
2016.01.12	603	201601122	26,746.00		4,270,979.32
2016.01.12	603	201601123	9,952.00		4,261,027.32
2016.01.13	202	201601131		69,498.00	4,330,525.32
2016.01.13	202	201601132	189,540.00		4,140,985.32
2016.01.13	202	201601133	115,355.40		4,025,629.92
2016.01.14	4	201601141		10,000.00	4,035,629.92
2016.01.15	202	201601151	8,000.00		4,027,629.92
2016.01.17	601	201601171	144,211.00		3,883,418.92
2016.01.21	601	201601211		809,300.00	4,692,718.92
2016.01.29	7	201601291	979.58		4,691,739.34
2016.01.29	603	201601292	8,750.00		4,682,989.34
2016.01.30	601	201601301	5,850.00		4,677,139.34
2016.01.30	603	201601302	120,794.72		4,556,344.62

圖4-62

3. 進行銀行對帳

步驟1：選擇「現金」|「現金管理」|「銀行帳」|「銀行對帳」命令，打開「銀行科目選擇」對話框。選擇科目「人民幣戶(10020101)」、月份設為「2016.01—2016.01」，如圖4-63所示。

步驟2：單擊「確定」按鈕，打開「銀行對帳」窗口。單擊「對帳」按鈕，打開「自動對帳」對話框，輸入截止日期2016.01.31，如圖4-64所示。

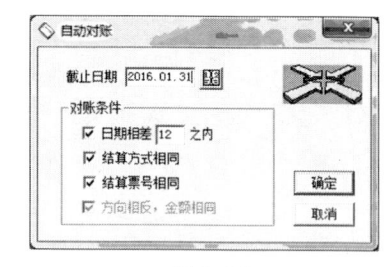

圖4-63

圖4-64

步驟3：單擊「確定」按鈕，「銀行對帳」窗口顯示自動對帳結果，如圖4-65所示。

項目四　日常業務處理

圖4-65

4. 查詢、輸出銀行存款餘額調節表

步驟1：選擇「現金」|「現金管理」|「銀行帳」|「餘額調節表」命令，打開「銀行存款餘額調節表」窗口。

步驟2：選擇科目「人民幣戶(10020101)」，單擊「查看」按鈕或雙擊該科目所在的行，打開「銀行存款餘額調節表」對話框，如圖4-66所示。

步驟3：單擊「輸出」按鈕，可以將銀行存款餘額調節表以Microsoft Excel、UFO－電子表等格式輸出。

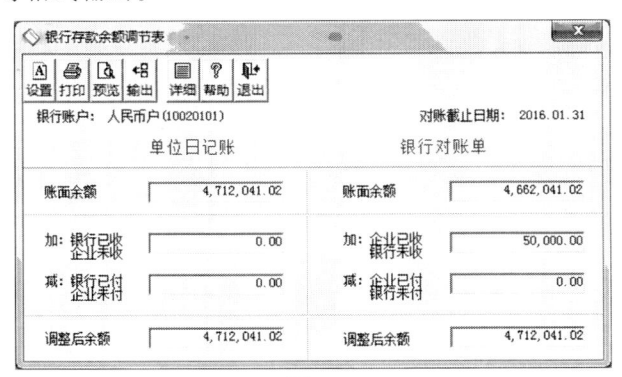

圖4-66

自主探究

分別以主管孔禮、出納李仁的身分重新完成6月份良友電子科技有限公司的銀行對帳工作。

任務二　工資管理系統日常業務處理

一、基礎工資數據錄入

任務描述

2016年1月31日，良友電子科技有限公司人事部經理莊智根據當月基本工資檔案(見附表33-1)，將當月基本工資錄入工資系統。

工作導向

步驟1：以莊智的身分，選擇「工資」|「業務處理」|「工資變動」命令，打開「工資變動」窗口。

步驟2：選擇「華強」所在的行，單擊輸入基本工資3,600.00(元)。用同樣的方法，依次輸入其他人員基本工資數據，如圖4-67所示。

图4-67

步驟3：單擊「保存」按鈕，進行工資計算，單擊「匯總」按鈕，進行數據匯總。

自主探究

以人事部經理莊智的身分將良友電子科技有限公司其餘人員當月的基本工資檔案數據錄入工資系統。

二、變動工資數據錄入

任務描述

良友電子科技有限公司2016年1月的變動工資數據主要是產品產量、考勤結果(見附表33-2)和取暖費(見附表29-1)數據，31日由人事部經理莊智將這些變動工資數據錄入工資系統。

工作導向

步驟1：選擇「工資」|「業務處理」|「工資變動」命令，打開「工資變動」窗口。

步驟2：選擇「秦真」所在的行，輸入產品產量300(臺)。用同樣的方法，依次輸入其他人員工資變動數據，如圖4-68所示。

圖4-68

步驟3：單擊「保存」按鈕，進行工資計算，單擊「匯總」按鈕，進行數據匯總。

自主探究

以人事部經理莊智的身分將良友電子科技有限公司其餘人員的變動工資數據錄入工資系統。

三、查看個人所得稅扣繳申報表

任務描述

良友電子科技有限公司完成工資數據錄入並經計算和匯總後，即可查看當月個人所得稅扣繳申報表詳細情況。

工作導向

步驟1：以莊智的身分，選擇「工資」|「業務處理」|「扣繳所得稅」命令，打開「欄目選擇」對話框，單擊對應工資項目下拉列表，選擇「稅前工資」，如圖4-69所示。

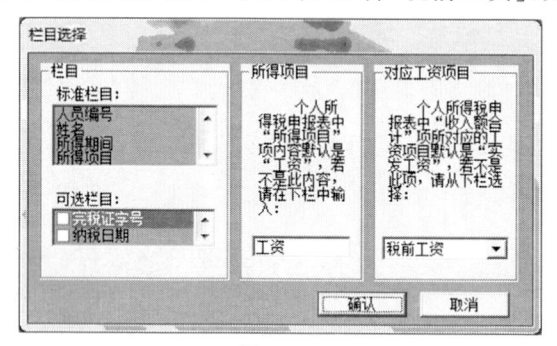

圖4-69

步驟2：單擊「確認」，打開「個人所得稅」窗口，窗口顯示2016年1月良友公司個人所得稅扣繳申報表具體內容，如圖4-70所示。

個人所得稅扣繳申報表
2016年1月
總人數：13

人員編號	姓名	所得期間	所得項目	收入額合計	減費用額	應納稅所得額	稅率(%)	速算扣除數	扣繳所得稅額
101	華強	1	工資	5,592.12	3,500.00	2,092.12	10.00	105.00	104.21
201	孔禮	1	工資	3,968.60	3,500.00	468.60	3.00	0.00	14.06
202	孟義	1	工資	3,788.20	3,500.00	288.20	3.00	0.00	8.65
203	李仁	1	工資	3,427.42	3,500.00	0.00	0.00	0.00	0.00
301	莊智	1	工資	3,968.60	3,500.00	468.60	3.00	0.00	14.06
401	陳誠	1	工資	3,968.60	3,500.00	468.60	3.00	0.00	14.06
501	劉謙	1	工資	3,968.60	3,500.00	468.60	3.00	0.00	14.06
601	魯良	1	工資	3,968.60	3,500.00	468.60	3.00	0.00	14.06
701	張恭	1	工資	4,305.77	3,500.00	805.77	3.00	0.00	24.17
702	曾檢	1	工資	3,337.22	3,500.00	0.00	0.00	0.00	0.00
801	顏台	1	工資	4,777.80	3,500.00	1,277.80	3.00	0.00	38.33
802	秦真	1	工資	5,187.49	3,500.00	1,687.49	10.00	105.00	63.75
803	齊善	1	工資	4,619.85	3,500.00	1,119.85	3.00	0.00	33.60
	合計	1	工資	54,878.87	45,500.00	9,614.23			343.01

圖4-70

四、工資分攤類型設置

任務描述

1月31日，良友電子科技有限公司人事部經理莊智對以下工資分攤類型進行設置：

①按應付工資的100%分配工資費用。

②按應付工資的 2％計提工會經費。

③按應付工資的 1.5％計提職工教育經費。

④按應付工資的 20％計提企業負擔的基本養老保險。

⑤按應付工資的 8％計提企業負擔的醫療保險。

⑥按應付工資的 2％計提企業負擔的失業保險。

⑦按應付工資的 1％計提工傷保險。

⑧按應付工資的 1％計提生育保險。

⑨按應付工資的 8％計提企業負擔的住房公積金。

⑩結轉當月職工取暖費。

工作導向

步驟1：選擇「工資」|「業務處理」|「工資分攤」命令，打開「工資分攤」對話框，如圖 4-71 所示。單擊「工資分攤設置」按鈕，打開「分攤類型設置」對話框，如圖 4-72 所示。單擊「增加」按鈕，打開「分攤計提比例設置」對話框。在計提類型名稱文本框中輸入「分配工資費用」，分攤計提比例設為 100％，如圖 4-73 所示。

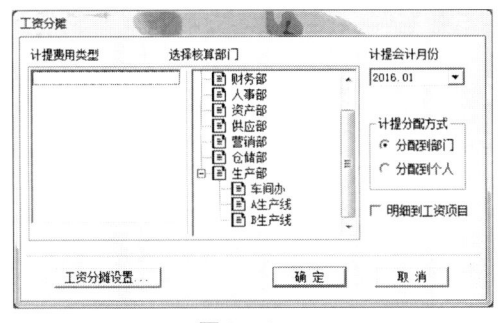

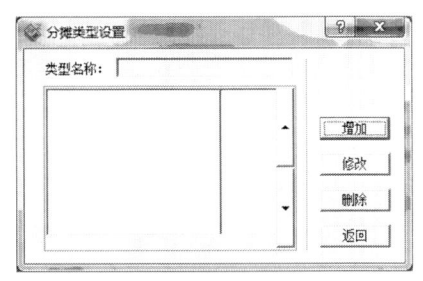

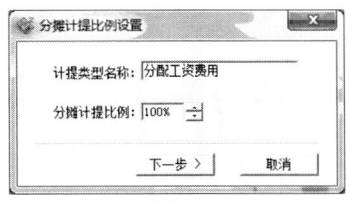

圖4-71

圖4-72

圖4-73

步驟2：單擊「下一步」，打開「分攤構成設置」對話框，作如圖 4-74 所示設置。單擊「完成」，返回「分攤類型設置」對話框，繼續其他項目的分攤設置。

分摊构成设置

部门名称	人员类别	项目	借方科目	贷方科目
企管部,财务部,人	企业高管	应付工资	660201	221101
企管部,财务部,人	部门经理	应付工资	660201	221101
企管部,财务部,人	普通职员	应付工资	660201	221101
营销部	部门经理	应付工资	660101	221101
车间办	部门经理	应付工资	510101	221101
A生产线,B生产线	普通职员	应付工资	500102	221101

图4-74

自主探究

以良友電子科技有限公司人事部經理莊智的身分完成計提工會經費、職工教育經費、企業負擔的基本養老保險、企業負擔的醫療保險、企業負擔的失業保險、工傷保險、生育保險、企業負擔的住房公積金及當月職工取暖費的分攤設置。

五、工資分攤

任務描述

1月31日,人事部經理莊智進行當月工資及工資附加費用的分攤:

①分配工資費用。見附表 33-1、附表 33-2。

②計提工會經費。見附錄業務 34。

③計提職工教育經費。見附錄業務 35。

④計提企業負擔的基本養老保險。見附錄業務 36。

⑤計提企業負擔的醫療保險。見附錄業務 37。

⑥計提企業負擔的失業保險。見附錄業務 38。

⑦計提工傷保險。見附錄業務 39。

⑧計提生育保險。見附錄業務 40。

⑨計提企業負擔的住房公積金。見附錄業務 41。

⑩結轉當月職工取暖費。見附錄業務 42。

工作導向

步驟1:選擇「工資」|「業務處理」|「工資分攤」命令,打開「工資分攤」對話框,計提費用類型選擇「分配工資費用」按鈕,選擇核算部門為所有部門,計提分配方式

為「分配到部門」，選中「明細到工資項目」，如圖 4-75 所示。

圖4-75

步驟 2：單擊「確定」，打開「工資分攤明細」窗口，選中「合併科目相同、輔助項相同的分錄」，如圖 4-76 所示。單擊「製單」按鈕，打開填製憑證窗口，憑證字號設為「轉字 15 號」。將光標放在 A 生產線的「生產成本 直接人工」所在的行，移動鼠標至備註區域，當鼠標形狀變成筆頭時，通過雙擊打開「輔助項」對話框，選擇「LY50－90A 臺式計算機」項目，如圖 4-77 所示。

圖4-76

圖4-77

步驟3：單擊「確認」，再用同樣的方法將B生產線的「生產成本 直接人工」的項目錄入為「LY50－90B臺式計算機」。光標離開此行，單擊「保存」按鈕，顯示憑證「已生成」，如圖4-78所示。

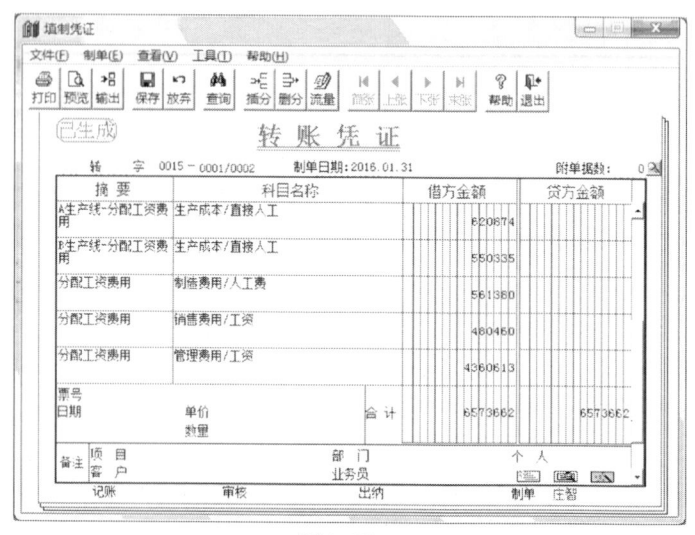

圖4-78

自主探究

以良友電子科技有限公司人事部經理莊智的身分完成計提工會經費、職工教育經費、企業負擔的基本養老保險、企業負擔的醫療保險、企業負擔的失業保險、工傷保險、生育保險、企業負擔的住房公積金及當月職工取暖費的分攤。

六、憑證與帳表查詢

(一)憑證查詢

任務描述

1月31日，以良友電子科技有限公司人事部經理莊智的身分查詢當月工資管理系統所填製的記帳憑證。

工作導向

步驟1：選擇「工資」|「統計分析」|「憑證查詢」命令，打開「憑證查詢」對話框，如圖4-79所示。

項目四　日常業務處理

圖4-79

步驟2：選中「分配工資費用」所在行的任意一格，單擊「憑證」，即可打開此張憑證。根據需要亦可刪除、衝銷某張憑證，或者查詢某張憑證對應的單據。

自主探究

以良友電子科技有限公司人事部經理莊智的身分查詢當月工資管理系統所填製的記帳憑證，根據需要作進一步操作。

(二)帳表查詢

任務描述

1月31日，以良友電子科技有限公司人事部經理莊智的身分查詢當月各種工資表。

工作導向

步驟1：選擇「工資」、「統計分析」、「帳表」、「工資表」命令，打開「工資表」對話框，如圖4-80所示。

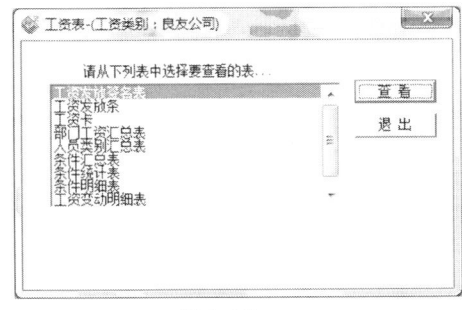

圖4-80　　　　　　　　　　圖4-81

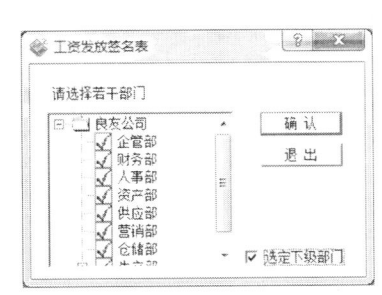

117

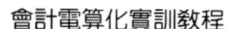

步驟2：選中「工資發放簽名表」，單擊「查看」按鈕，打開「工資發放簽名表」對話框，選中「選定下級部門」復選框，如圖4-81所示。

步驟3：單擊「確認」按鈕，打開「工資發放簽名表」窗口，如圖4-82所示。

圖4-82

自主探究

以良友電子科技有限公司人事部經理莊智的身分查詢當月工資發放條、部門工資匯總表、人員類別工資匯總表等。

任務三　固定資產管理系統日常業務處理

一、資產增加

任務描述

1月30日，良友電子科技有限公司購置型號為ST16－01A的世通計算機組裝生產線一條，買價5,000元，增值稅進項稅額為850元。該生產線預計使用期限為10年。以陳誠的身分完成資產增加的業務處理。見附表30-1至30-4。

工作導向

步驟1：選擇「固定資產」|「卡片」|「資產增加」命令，打開「資產類別參照」對話框，選擇「02 機器設備」，如圖4-83所示。

步驟2：單擊「確認」，打開「固定資產卡片」窗口，輸入新增固定資產相關信息，如圖4-84所示。

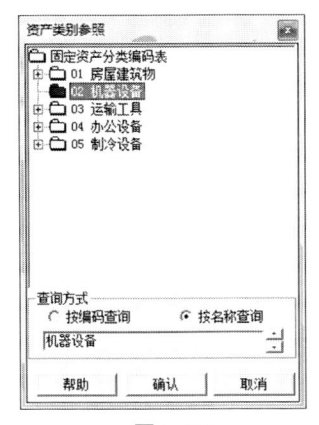

項目四　日常業務處理

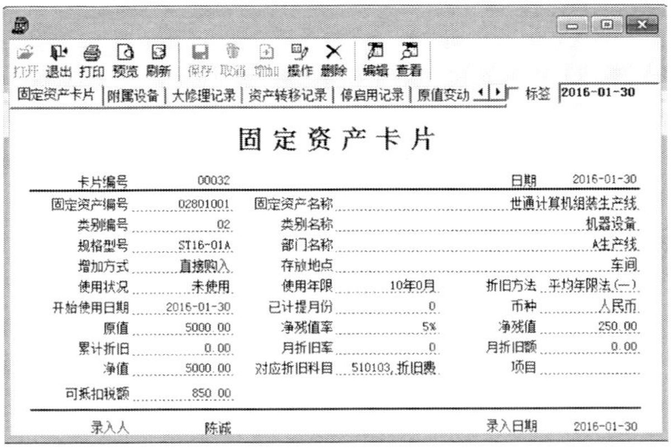

圖4-83

圖4-84

步驟3：單擊「保存」，系統彈出「固定資產」提示框顯示「數據成功保存」，如圖4-85所示。

步驟4：選擇「固定資產」|「處理」|「批量製單」命令，打開「批量製單」對話框，選中「製單選擇」選項卡，單擊「全選」按鈕；選中「製單設置」選項卡，單擊製單按鈕，生成如圖4－86所示的記帳憑證，單擊「保存」按鈕。

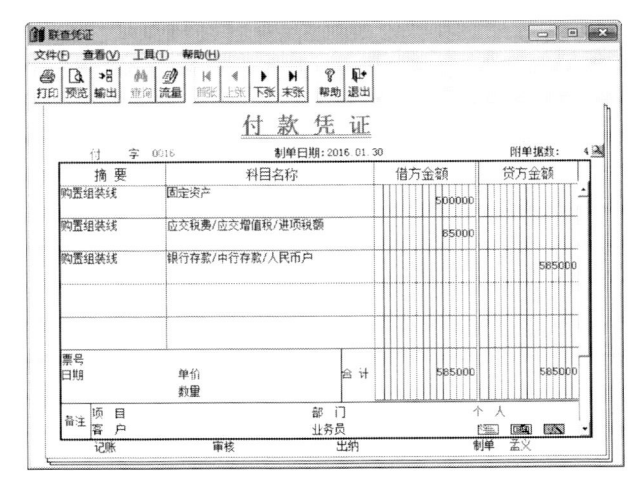

圖4-85

圖4-86

二、計提折舊

任務描述

1月30日，良友電子科技有限公司由陳誠計提當月折舊費用。見附錄業務43。

119

工作導向

步驟1：選擇「固定資產」|「處理」|「計提本月折舊」命令，系統出現固定資產提示框，提示「本操作將計提本月折舊，並花費一定時間，是否要繼續？」，如圖4-87所示。

步驟2：單擊「是」，系統自動計提折舊，之後彈出固定資產提示框，詢問「是否要查看折舊清單？」，如圖4-88所示。

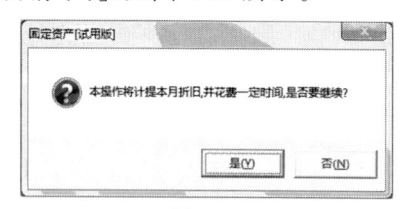

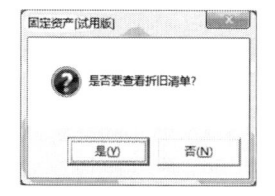

圖4-87　　　　　　　　　　圖4-88

步驟3：單擊「是」，系統打開折舊清單對話框，如圖4-89所示。

圖4-89

步驟4：關閉折舊清單對話框，系統彈出固定資產提示框，提醒「計提折舊完成」，如圖4-90所示。

步驟5：單擊「確定」，系統打開批量製單對話框，選擇「製單選擇」選項卡，單擊「全選」按鈕，計提折舊業務被選中，如圖4-91所示。

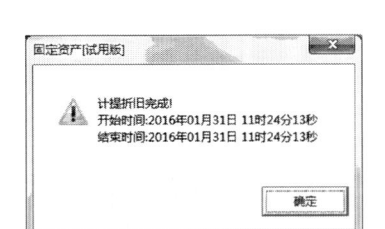

項目四　日常業務處理

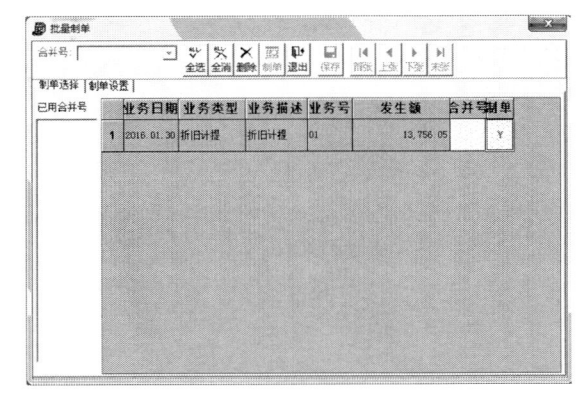

圖4-90　　　　　　　　　　　　　　圖4-91

步驟6：選擇「製單設置」選項卡，選中「合併（科目及輔助項相同的分錄）」復選框，如圖4-92所示。

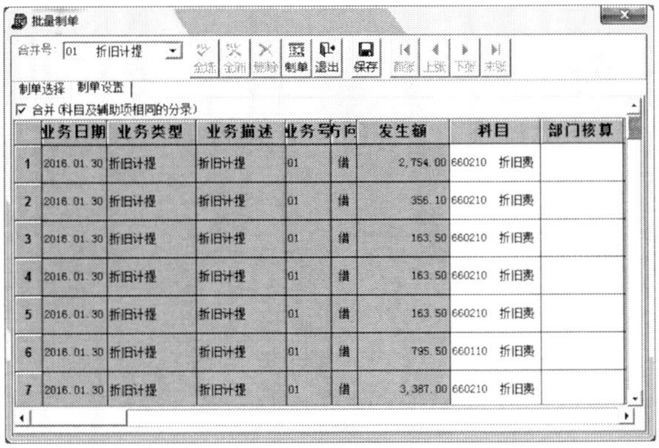

圖4-92

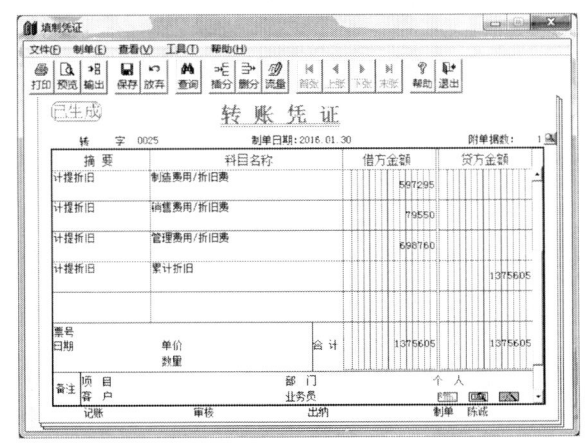

圖4-93

步驟7：單擊「製單」按鈕，打開填製憑證窗口，憑證字號填寫為「轉字0025」，附單據數為「1」，單擊保存按鈕，顯示「已生成」，如圖4-93所示。

三、資產減少

任務描述

1月31日，良友電子科技有限公司生產車間的卡片號為00003號的世通計算機組裝生產線正常報廢。1月31日，在計提當月折舊後，陳誠作資產減少業務處理。見附表44。

工作導向

步驟1：選擇「固定資產」|「卡片」|「資產減少」命令，打開「資產減少」窗口，在卡片編號文本框輸入「00003」，資產編號文本框自動填入「02800001」，單擊「增加」按鈕，在窗口出現資產減少業務記錄行。

步驟2：補充資產減少業務記錄行的減少方式為「報廢」，清理收入為「100（元）」，清理費用為「50（元）」，清理原因為「正常報廢」，如圖4-94所示。

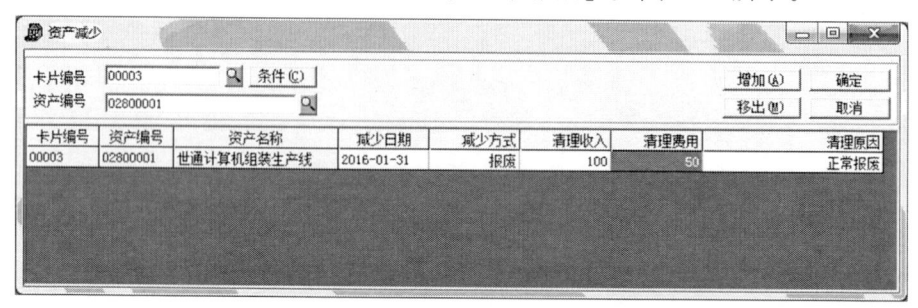

圖4-94

步驟3：單擊「確定」按鈕，打開「填製憑證」窗口，憑證字號改為「轉字0026」，附單據數「1（張）」，單擊「保存」按鈕，顯示憑證「已生成」，如圖4-95所示。

步驟4：單擊「退出」按鈕，系統彈出「固定資產」提示框，告知「所選卡片已經減少成功」，如圖4-96所示。單擊「確定」關閉「資產減少」窗口。

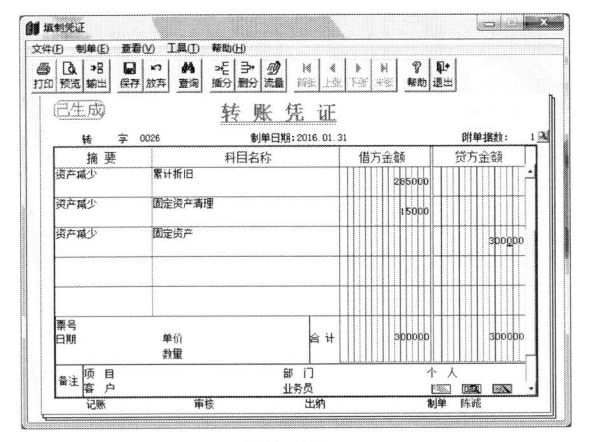

圖4-95

圖4-96

步驟5：在總帳管理系統繼續完成清理費用、清理收入和固定資產清理帳戶結轉的憑證填製，如圖4-97、4-98和4-99所示。

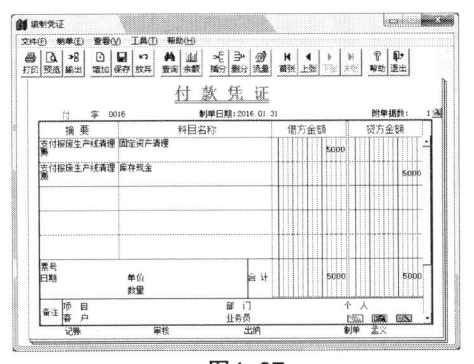

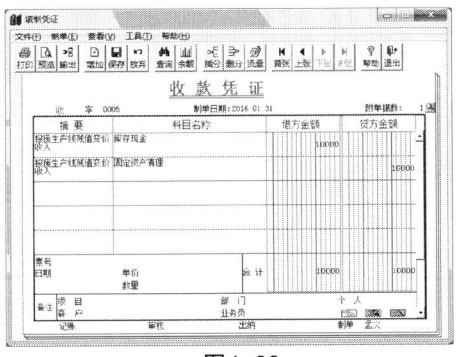

圖4-97

圖4-98

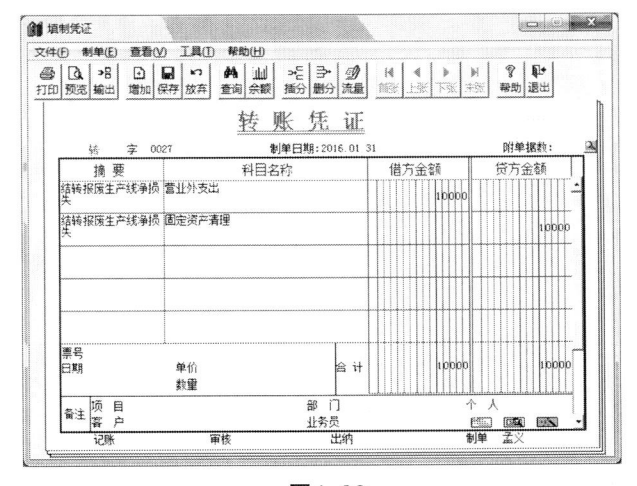

圖4-99

任務四　購銷存管理系統日常業務處理

一、採購業務處理

(一)暫估業務單的回衝處理

任務描述

2016年1月4日，上月30日從北京富康所購主板的增值稅專用發票和運費增值稅專用發票已到，其中銘瑄主板100個，單價400元；技嘉主板100個，單價605元，價稅款合計117,585元，現金折扣條件是「3/5,2/30,1/45」，運費為110元，運費的增值稅抵扣率為11%。以採購經理劉謙的身分錄入發票，並以會計孟義的身分衝銷上月暫估業務憑證並填製藍字憑證。見附表2-1至2-4。

工作導向

步驟1：劉謙註冊T3主窗口，選擇「採購」|「採購發票」命令，打開「採購發票」窗口，單擊「增加」按鈕右側的倒三角，選擇「專用發票」，增加一張空白專用發票，如圖4-100所示。

圖4-100

步驟2：將附表2-2增值稅專用發票內容錄入到系統所增加的空白專用發票中，如圖4-101所示。

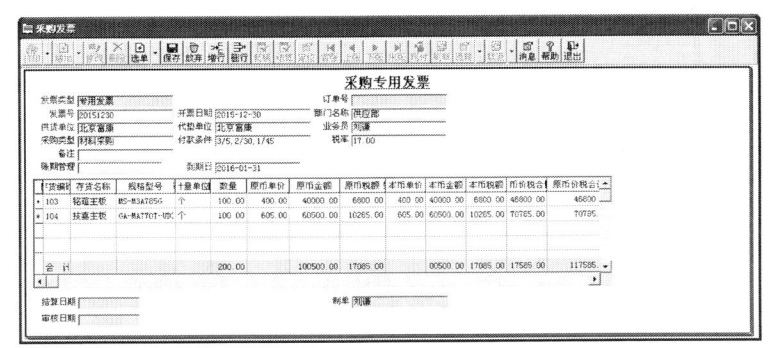

圖4-101

步驟3：單擊「保存」按鈕，系統彈出「採購管理」提示框，如圖4-102所示。詢問是否增加單據，單擊「是」。單擊「退出」按鈕關閉「採購發票」窗口。

步驟4：更換操作員為主管孔禮，選擇「採購」|「採購發票」命令，通過「上張」與「下張」按鈕，找到北京富康開出的「20151230」號發票，單擊「復核」按鈕，系統彈出採購管理提示框，提示復核的結果並詢問是否只處理當前張，如圖4-103所示，單擊「是」，在發票左上角蓋上「已審核」印章，如圖4-104所示。

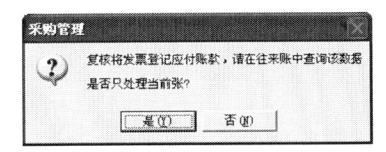

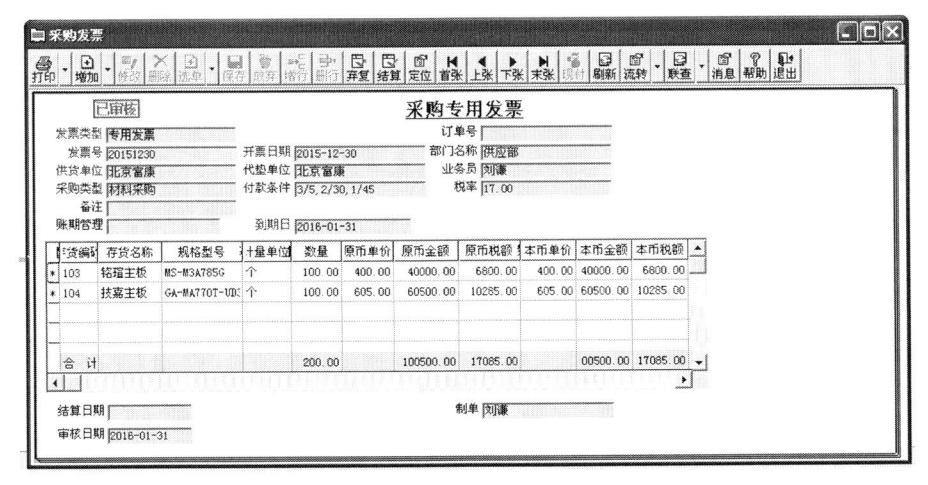

圖4-102　　　　　　　　　　圖4-103

圖4-104

步驟5：同樣的方法，增加並復核增值稅運費發票，如圖4-105所示。單擊「退出」按鈕關閉「採購發票」窗口。

會計電算化實訓教程

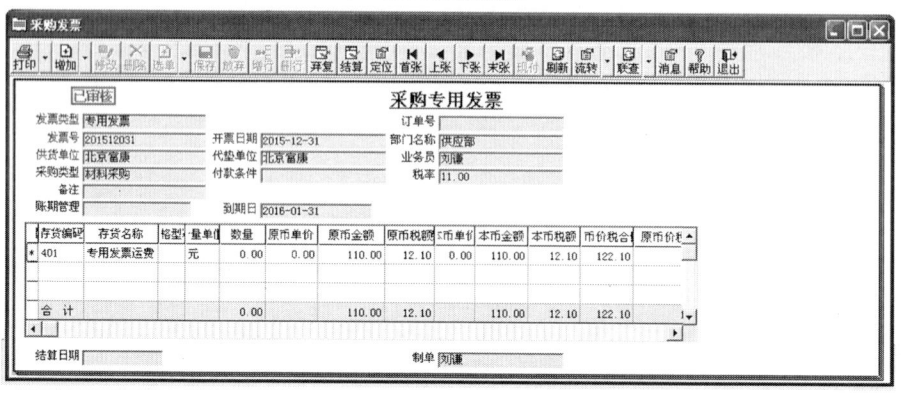

圖4-105

步驟6：更換操作員為會計孟義，「採購」|「採購結算」|「手工結算」，打開手工結算窗口，系統同時彈出「條件輸入」對話框，將日期改為2015－12－01至2016－01－31，如圖4-106所示。

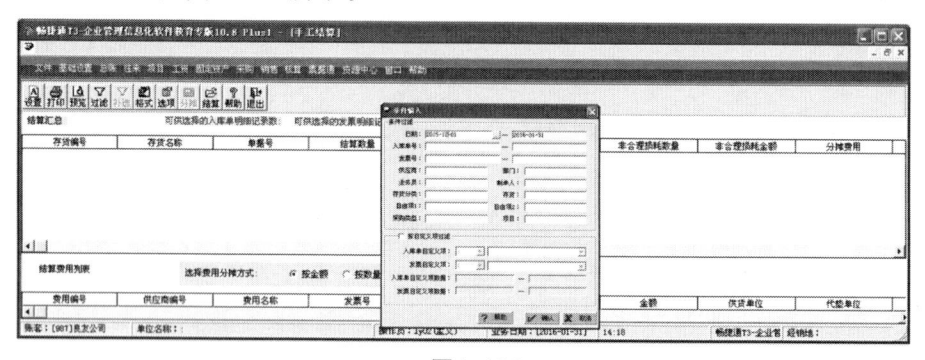

圖4-106

步驟7：單擊「確認」，打開「入庫單和發票選擇」窗口，選擇相互對應的入庫單和發票，如圖4-107所示。

圖4-107

項目四　日常業務處理

步驟 8：單擊右下角的「確認」按鈕，手工結算窗口顯現等待分攤運費頁面，運費分攤方式選擇按數量，如圖 4-108 所示。

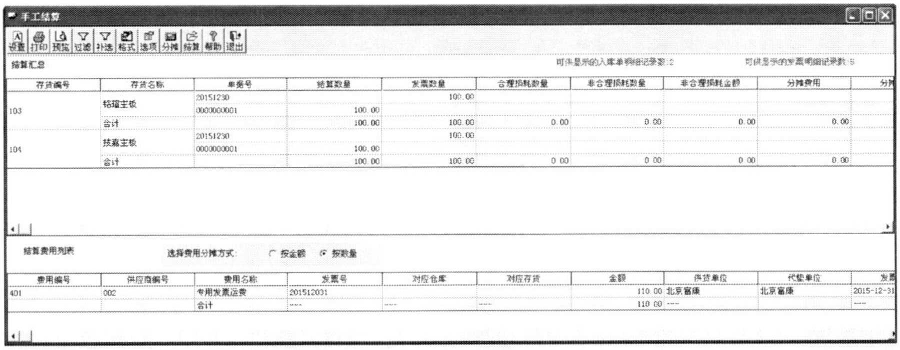

圖 4-108

步驟 9：單擊「分攤」按鈕，系統彈出「採購管理」提示框，詢問「選擇按數量分攤，是否開始計算？」，如圖 4-109 所示。單擊「是」，系統彈出「採購管理」提示框，告知運費分攤完畢，如圖 4-110 所示。單擊「確定」。

圖 4-109　　　　　　　　　　圖 4-110

步驟 10：單擊「結算」按鈕，系統彈出「完成結算」提示框，如圖 4-111 所示，單擊「確定」。單擊「退出」。

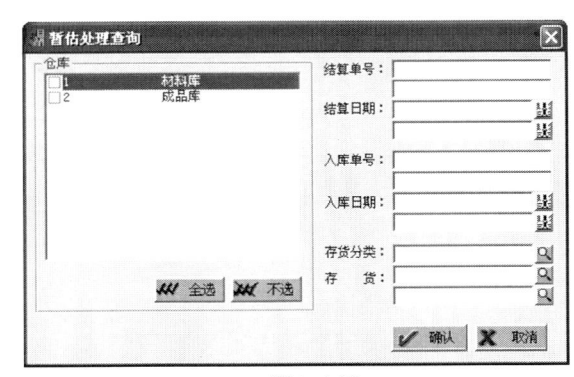

圖 4-111　　　　　　　　　　圖 4-112

步驟 11：選擇「核算」|「核算」|「暫估入庫成本處理」命令，打開「暫估處理查詢」對話框，如圖 4-112 所示。

127

步骤12：選中「材料庫」復選框，單擊「確認」，打開「暫估結算表」窗口，如圖4-113所示。單擊「全選」按鈕，單擊「暫估」按鈕，單擊「退出」按鈕關閉「暫估結算表」窗口。

圖4-113

步骤13：選擇「核算」」「憑證」」「購銷單據製單」命令，打開「生成憑證」窗口，選擇「轉帳憑證」，單擊「選擇」按鈕，打開「查詢條件」對話框，選擇「紅字回衝單」和「藍字回衝單（報銷）」兩項，如圖4-114所示。

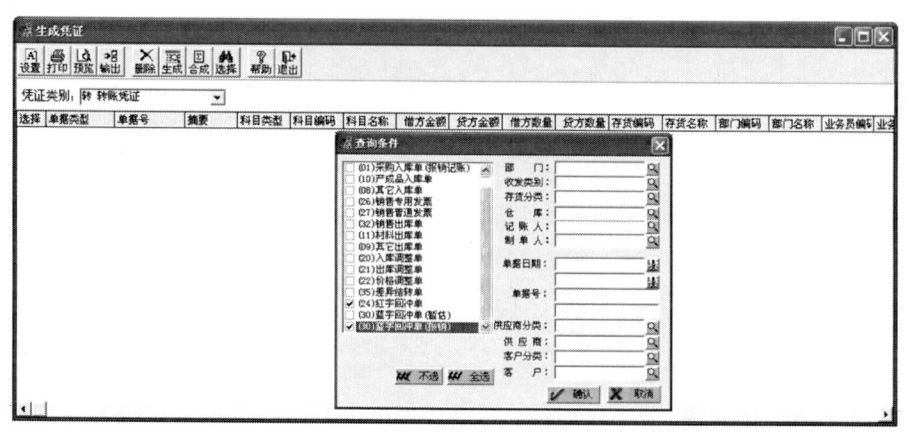

圖4-114

步骤14：單擊「確認」按鈕，打開「選擇單據」窗口，選中「幫助」右側的復選框，單擊「全選」按鈕，如圖4-115所示。

圖4-115

步骤15：單擊「確定」按鈕，系統彈出「選擇單據」提示框，如圖4-116所示。單擊「確定」，「生成憑證」窗口預覽根據「紅字回衝單」和「採購結算單」將要生成的憑

證的基本信息，如圖 4-117 所示。

圖4-116

圖4-117

步驟 16：單擊「生成」按鈕，系統打開「填製憑證」窗口，共生成三張憑證，依次輸入憑證的字號後，單擊「製單」菜單，選擇「成批保存」命令，系統彈出「憑證」提示框，告知成功生成三張憑證，如圖 4-118、圖 4-119、圖 4-120 所示。

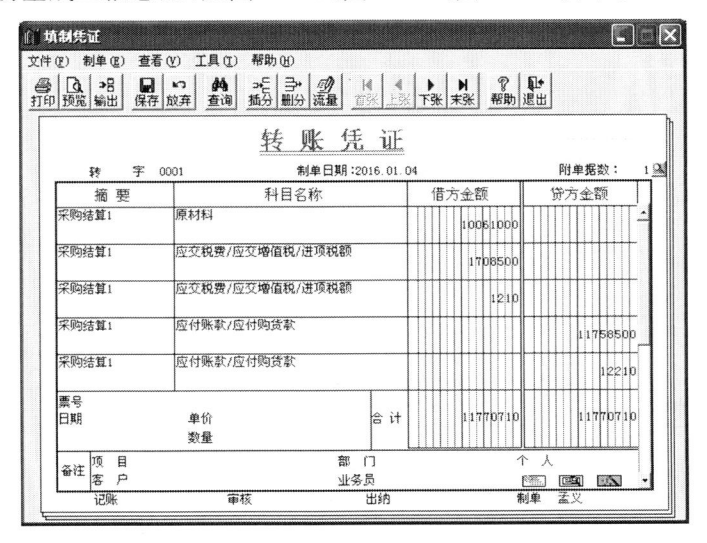

圖4-118

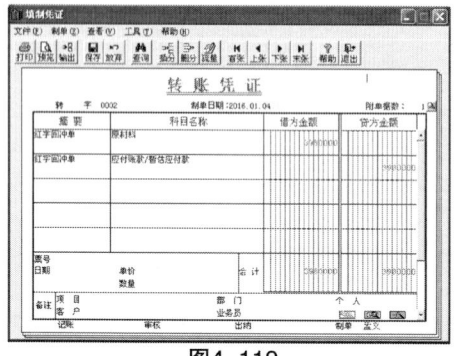

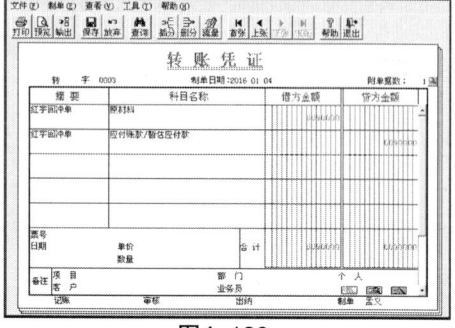

圖4-119　　　　　　　　　　　　　圖4-120

(二)在途物資驗收入庫處理

任務描述

1月5日,上月29日所購開封龍亭包裝彩印有限公司A型機包裝箱和B型機包裝箱各300套已到貨,驗收入材料庫,其中A型機包裝箱單價9.00元,B型機包裝箱單價8.00元。以供應部經理劉謙、倉儲部經理張恭和會計孟義的身分完成材料入庫、採購結算及製單等操作。見附表3。

工作導向

步驟1:5日以劉謙的身分選擇「採購」|「採購入庫單」命令,打開「採購入庫單」窗口,單擊「增加」按鈕,打開一張空白採購入庫單,輸入相關內容。

步驟2:以孟義的身分選擇「採購」|「採購結算」|「手工結算」命令,打開「手工結算」窗口和「條件輸入」對話框。在對話框中輸入日期信息,如圖4-121所示。

圖4-121

步驟3：單擊「確認」按鈕，打開「入庫單和發票選擇」窗口，選擇相關的採購入庫單和發票。

步驟4：單擊「確認」按鈕，回到「手工結算」窗口，單擊「結算」按鈕。此時採購入庫單和發票均蓋上「已結算」印章，如圖4-122和圖4-123所示。

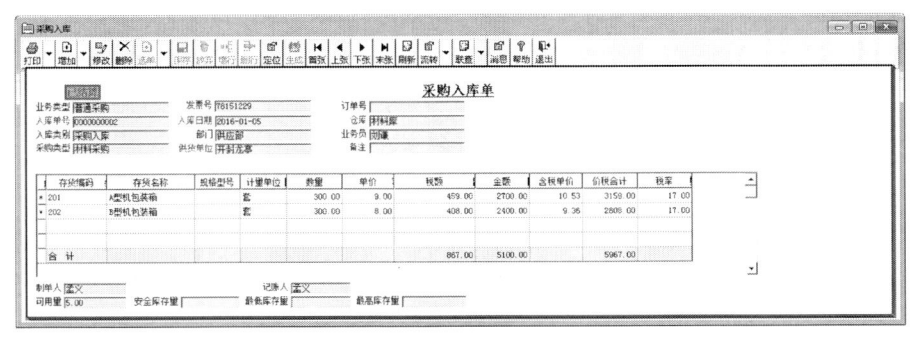

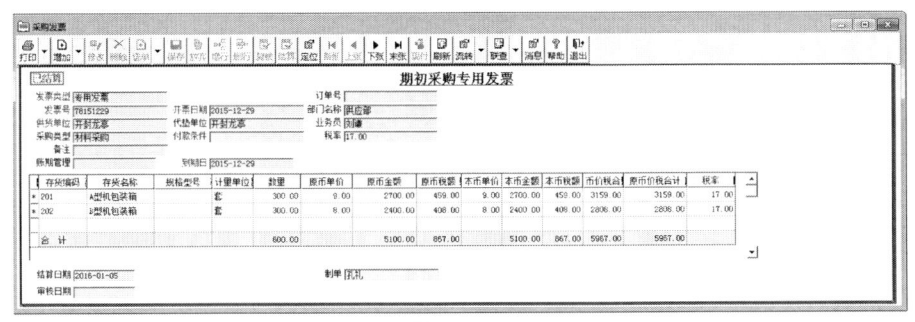

圖4-122

圖4-123

步驟5：更換操作員為張恭，選擇「庫存」｜「採購入庫單審核」命令，打開「採購入庫單」窗口，找到要審核的採購入庫單，單擊「審核」按鈕。

步驟6：操作員更換為孟義，選擇「核算」｜「核算」｜「正常單據記帳」命令，打開「正常單據記帳條件」對話框，倉庫選擇「材料庫」，單據類型選擇「採購入庫單」，如圖4-124所示。

步驟7：單擊「確定」，打開「正常單據記帳」窗口，單擊「全選」按鈕，選中待記帳的單據，單擊「記帳」按鈕。單擊「退出」按鈕關閉「正常單據記帳」窗口。

步驟8：選擇「核算」｜「憑證」｜「購銷單據製單」命令，打開「生成憑證」窗口，選擇憑證類別為「轉 轉帳憑證」，單擊「選擇」按鈕，打開「查詢條件」對話框，選擇「採購入庫單（報銷記帳）」，如圖4-125所示。

會計電算化實訓教程

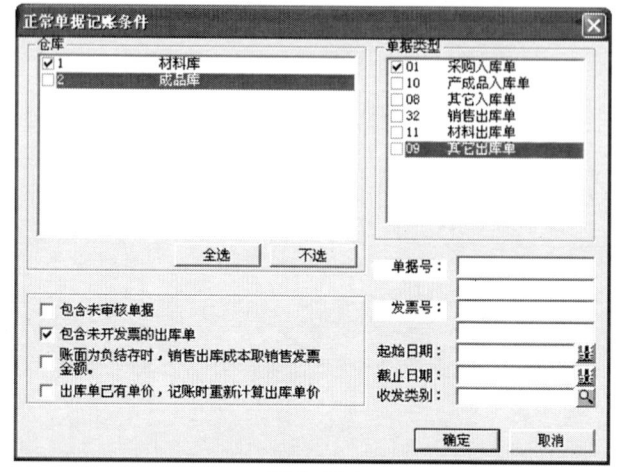

圖4-124

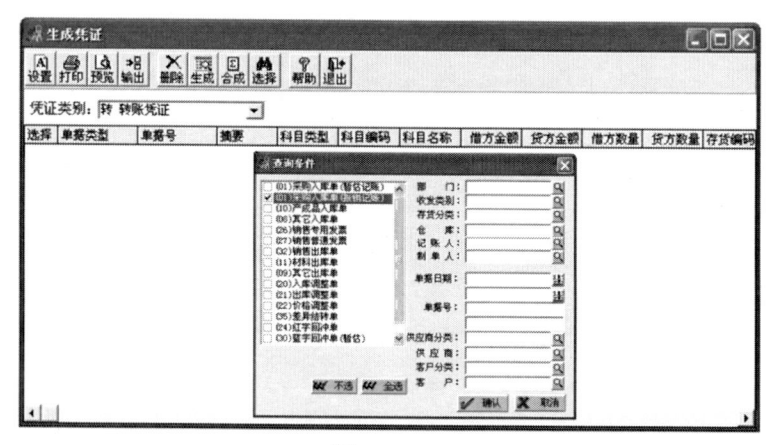

圖4-125

步驟9：單擊「確認」按鈕，打開「選擇單據」窗口，單擊「全選」按鈕，選中需要製單的單據。單擊「確定」按鈕，系統彈出「選擇單據」，提醒製單注意事項，如圖4-126所示。

圖4-126

步驟10：單擊確定，打開「生成憑證」窗口，單擊「生成」按鈕，打開「填製憑證」窗口，輸入相關信息，單擊「保存」按鈕，退出並查詢所製作的憑證如圖4-127所示。

132

項目四 日常業務處理

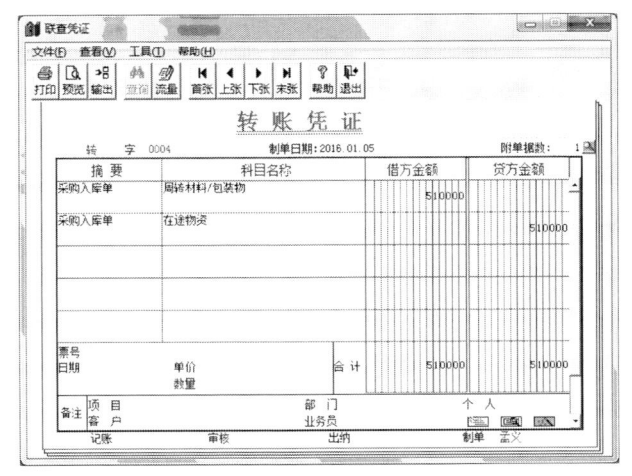

圖4-127

(三)現付業務處理

任務描述

1月6日，供應部劉謙與鄭州德勤電子有限公司簽訂購貨合同，從該公司購進材料一批，所購材料驗收入庫，專用發票、運費發票與貨同行，貨款當即開出轉帳支票支付。見附表5-1至5-5。

工作導向

步驟1：6日以劉謙的身分選擇「採購」「採購訂單」命令，打開「採購訂單」窗口，單擊「增加」按鈕，打開一張空白採購訂單，依照購貨合同輸入相關內容，如圖4-128所示。

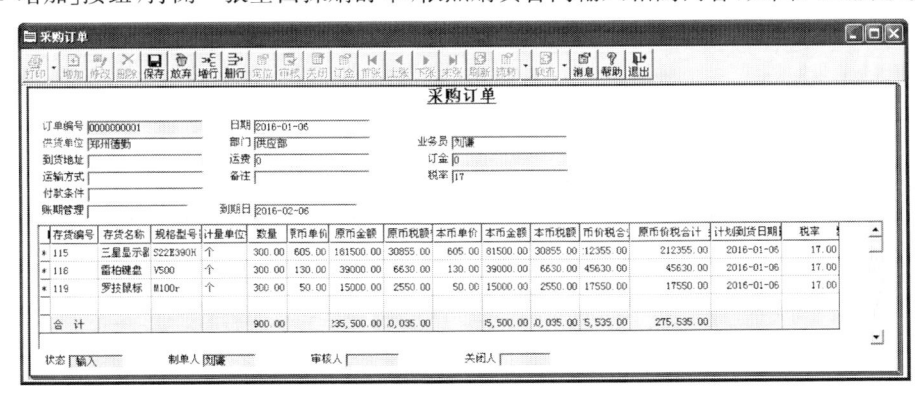

圖4-128

步驟2：單擊「保存」按鈕，單擊「審核」按鈕，單擊「流轉」按鈕右側的倒三角，展

133

開下拉列表,選擇「生成採購入庫單」,打開「採購入庫單」窗口,並自動按採購訂單內容生成一張採購入庫單,倉庫欄輸入「材料庫」,如圖4-129所示。

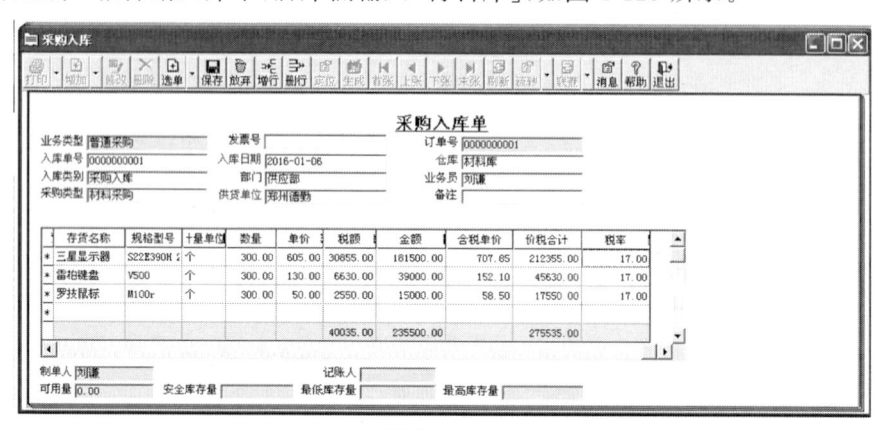

圖4-129

步驟3:單擊「保存」按鈕,單擊「流轉」右側的倒三角,選擇「生成專用發票」,打開「採購發票」窗口,系統自動生成一張與採購入庫單對應的採購專用發票,將發票號、到期日等內容補充完整,如圖4-130所示,單擊「保存」按鈕。

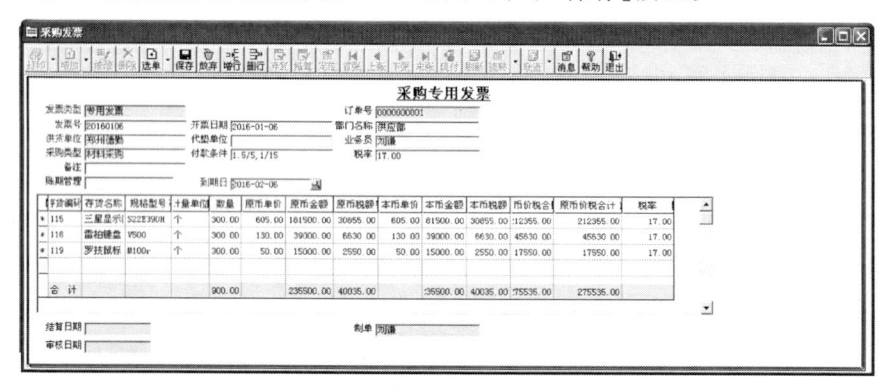

圖4-130

步驟4:單擊「現付」按鈕,打開「採購現付」對話框,輸入相關付款結算內容,如圖4-131所示。單擊「確定」,系統彈出「提示框」,告知現結記錄已保存,如圖4-132所示。單擊「確定」,單擊「退出」,系統彈出「提示框」,告知現付成功,如圖4-133所示。專用發票左上角蓋上「已現付」印章。

步驟5:操作員更換為孔禮,選擇「採購」|「採購發票」命令,打開「採購發票」窗口,找到需要復核的專用發票,單擊「復核」按鈕,系統彈出「採購管理」提示框,告知復核時的注意事項及詢問是否只處理當前張,如圖4-134所示。單擊「是」,系統在發票下面的審核日期處填上「2016-01-06」。

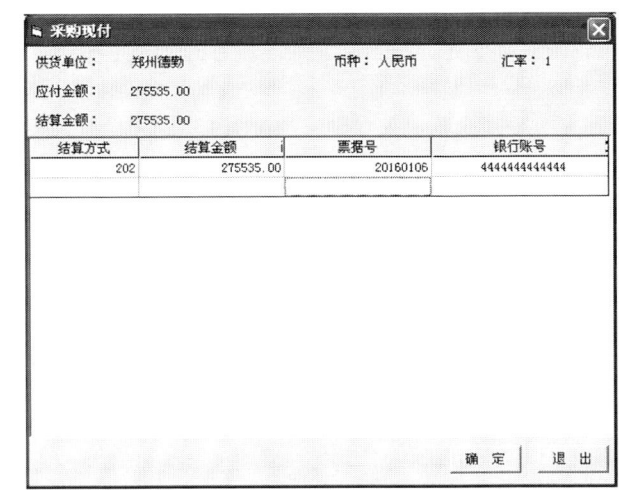

項目四　日常業務處理

圖4-131

圖4-132

圖4-133

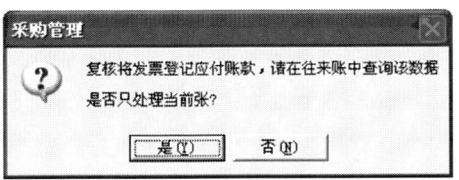

圖4-134

步驟6：單擊「結算」按鈕，打開「自動結算」對話框，如圖4-135所示，單擊「確認」，系統自動完成入庫單和發票的結算，彈出「採購管理」提示框，告知處理成功，如圖4-136所示，單擊「確定」，發票左上角蓋上「已結算」印章，如圖4-137所示。單擊「退出」按鈕關閉「採購發票」窗口。

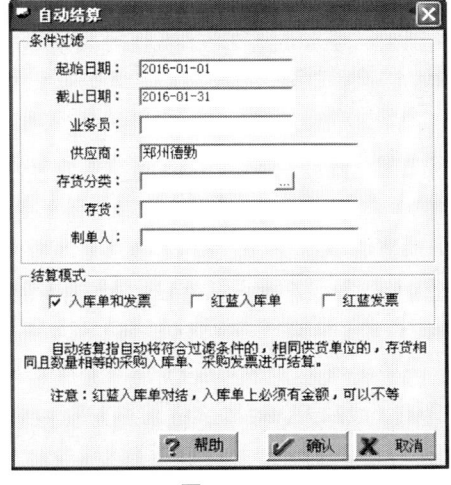

圖4-135

圖4-136

135

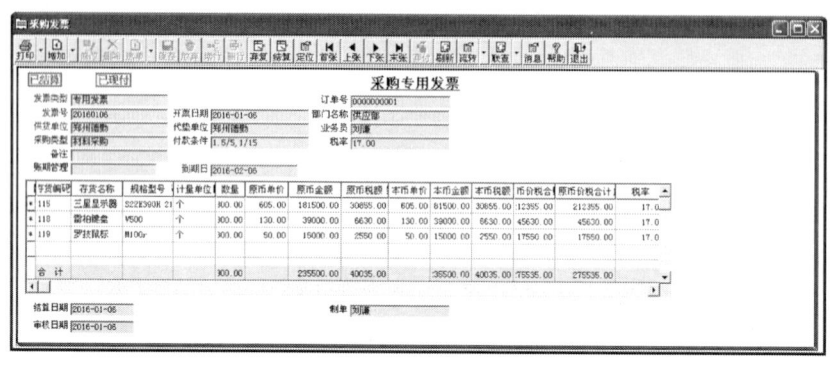

[图 4-137]

步驟 7：操作員更換為張恭，選擇「庫存」|「採購入庫單審核」命令，打開「採購入庫單」窗口，找到需要審核的採購入庫單，單擊「審核」按鈕，如圖 4-138 所示。單擊「退出」按鈕關閉「採購入庫單」窗口。

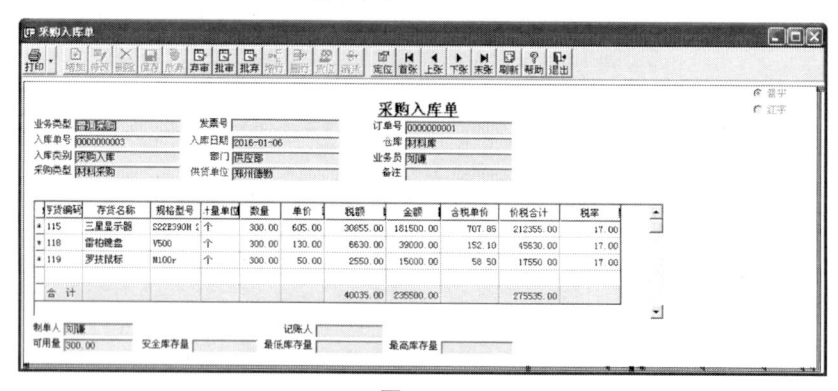

[图 4-138]

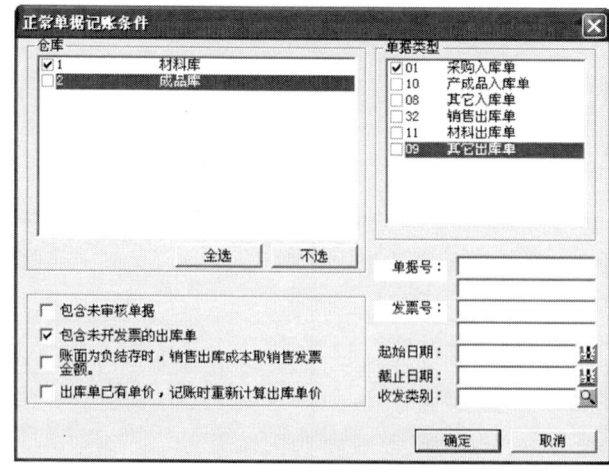

[图 4-139]

步驟 8：操作員更換為孟義，選擇「核算」|「核算」|「正常單據記帳」命令，打開「正常單據記帳條件」對話框，倉庫選擇「材料庫」，單據類型選擇「採購入庫單」，如圖 4-139 所示。

步驟 9：單擊「確定」，打開「正常單據記帳」窗口，單擊「全選」按鈕，如圖 4-140 所示，選中待記帳的單據，單擊「記帳」按鈕。單擊「退出」按鈕關閉「正常單據記帳」窗口。

圖 4-140

步驟 10：選擇「核算」|「憑證」|「購銷單據製單」命令，打開「生成憑證窗口」，選擇憑證類別為「付 付款憑證」，單擊「選擇」按鈕，打開「查詢條件」對話框，選擇「採購入庫單（報銷記帳）」，如圖 4-141 所示。

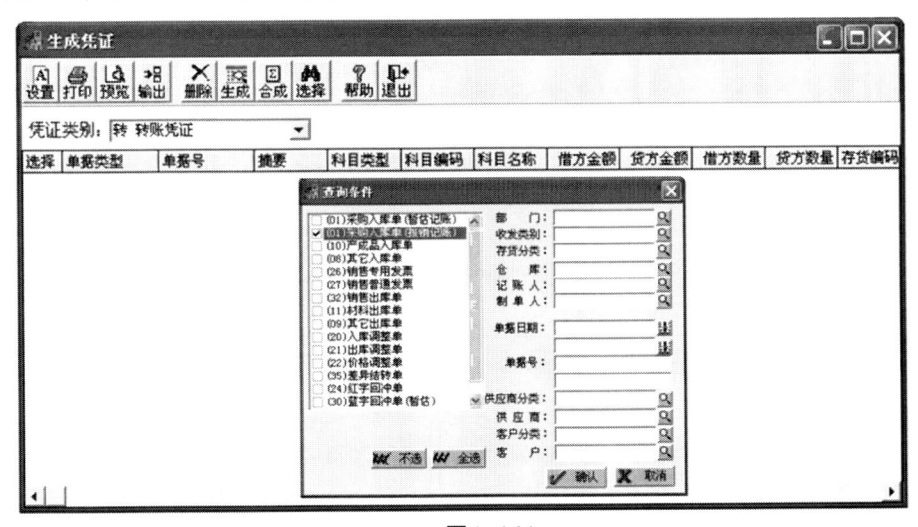

圖 4-141

步驟 11：單擊「確認」按鈕，打開「選擇單據」窗口，單擊「全選」按鈕，選中需要製單的單據，如圖 4-142 所示。單擊「確定」按鈕，系統彈出「選擇單據」，提醒製單

注意事項,如圖 4-143 所示。

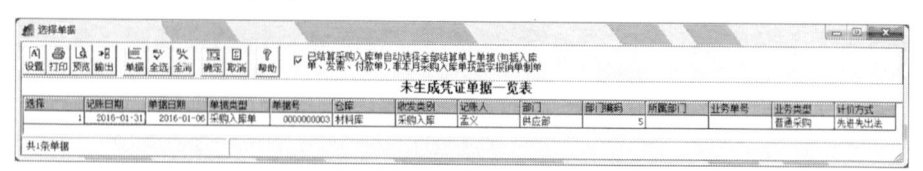

图4-142

图4-143

步驟12:單擊確定,打開「生成憑證」窗口,如圖 4-144 所示。單擊「生成」按鈕,打開「填製憑證」窗口,憑證字號輸入「付字 2 號」、附單據數改為「4」,光標放在「銀行存款」科目所在的行,移動鼠標至「票號、日期」處,當鼠標變成筆頭形時雙擊,系統彈出「輔助項」對話框,輸入相關信息,如圖 4-145 所示。單擊「保存」,如圖 4-146 所示。退出「填製憑證」窗口和「生成憑證」窗口。

图4-144

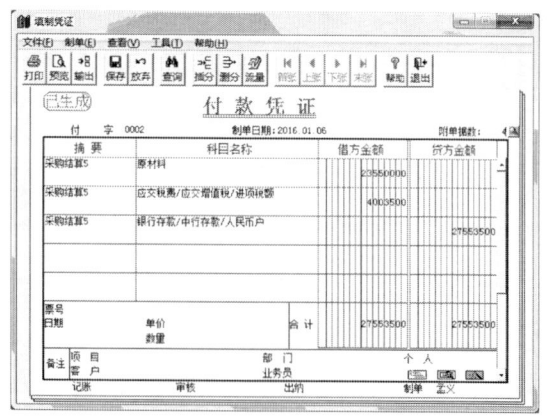

图4-145

图4-146

(四)應付帳款核銷處理

任務描述

1月13日,供應部劉謙向鄭州德勤電子有限公司支付上月所欠貨款189,540.00元。見附表18-1。

工作導向

步驟1:以操作員劉謙身分註冊,選擇「採購」「供應商往來」「付款結算」命令,打開「單據結算—付款單」窗口,在「供應商」文本框通過參照填入「鄭州德勤電子有限公司」,單擊「增加」按鈕,系統自動檢索到欠該供應商的債務信息並填入「付款單」,然後手動填入「結算方式」「結算金額」「票據號」和「摘要」等信息,如圖4-147所示。

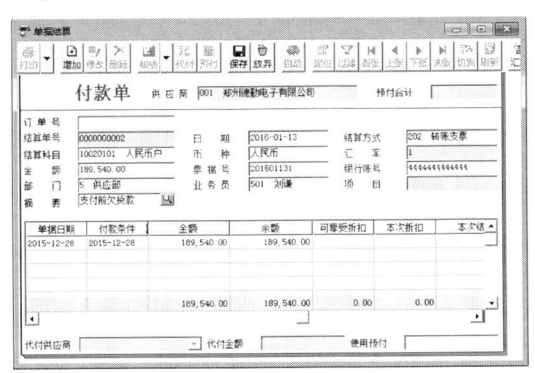

圖4-147

步驟2:單擊「保存」按鈕,再單擊「核銷」按鈕,在付款單表體的「本次結算」欄填入本次結算的金額「189,540.00元」,如圖4-148所示。

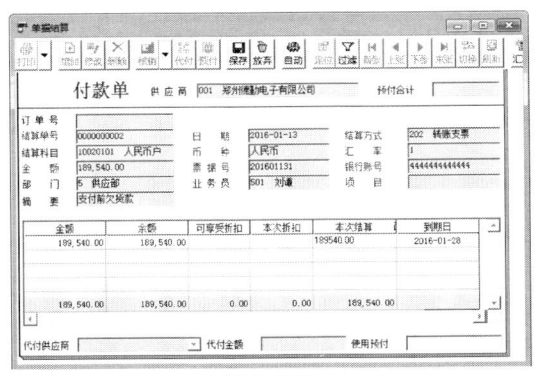

圖4-148

步驟3：單擊「保存」按鈕,單擊「退出」按鈕關閉「單據結算」窗口。

步驟4：更換操作員為孔禮,選擇「核算」|「憑證」|「供應商往來製單」|命令,彈出「供應商製單查詢」對話框,選擇「核銷製單」,如圖4-149所示。

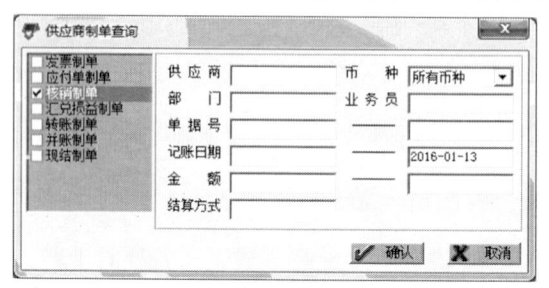

圖4-149

步驟5：單擊「確認」,打開「供應商往來製單」窗口,憑證類別選擇「付款憑證」,選中「按科目編碼排序」復選框,單擊「全選」按鈕,如圖4-150所示。

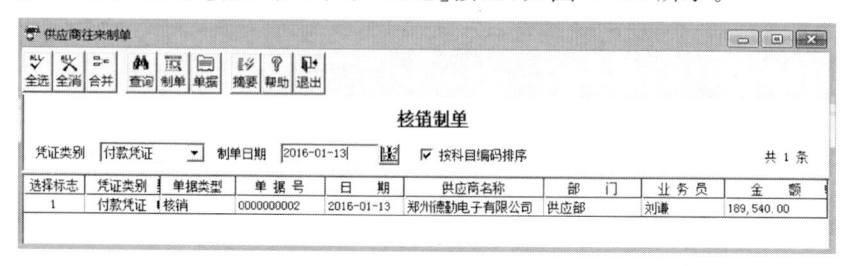

圖4-150

步驟6：單擊「製單」按鈕,打開「填製憑證」窗口,系統自動生成付款憑證,填入憑證字號為「付字0009」,附單據數為「2」,單擊「保存」按鈕,如圖4-151所示。

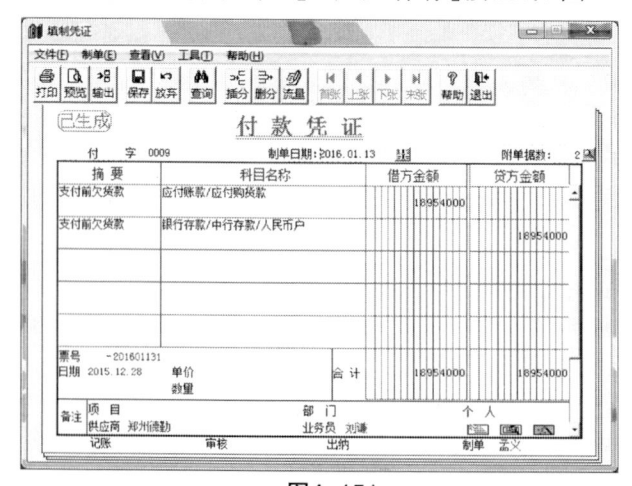

圖4-151

項目四　日常業務處理

自主探究

以操作員劉謙的身分完成支付上月欠北京富康計算機配件經銷公司貨款及代墊運費,並以孟義的身分完成記帳憑證的填製。見附表18-2。

(五)預付業務處理

任務描述

1月15日,供應部劉謙與北京富康計算機配件經銷公司簽訂供貨合同,向對方預付訂金8,000元。見附表21-1、21-2。1月17日,上述材料驗收入庫,專用發票、運費發票與貨同行,補付剩餘貨款。見附表22-1至22-5和附表23。

工作導向

步驟1:1月15日,以劉謙的身分填製採購訂單。

步驟2:選擇「採購」「供應商往來」「付款結算」命令,打開「單據結算—付款單」窗口,在「供應商」文本框通過參照填入「北京富康計算機配件經銷公司」,單擊「增加」按鈕,系統自動檢索到欠該供應商的債務信息並填入「付款單」,然後手動填入「結算方式」「結算金額」「票據號」和「摘要」等信息,如圖4-152所示。

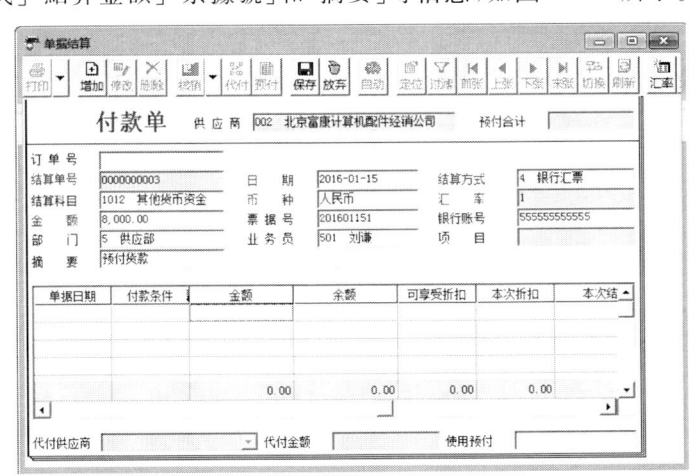

圖4-152

步驟3:單擊「保存」按鈕,再單擊「預付」按鈕,單擊「退出」按鈕關閉「單據結算」窗口。

步驟4:更換操作員為孟義,選擇「核算」「憑證」「供應商往來製單」命令,彈

出「供應商製單查詢」對話框,選擇「核銷製單」,如圖4-153所示。

图4-153

步驟5:單擊「確認」,打開「供應商往來製單」窗口,憑證類別選擇「轉帳憑證」,選中「按科目編碼排序」復選框,單擊「全選」按鈕,如圖4-154所示。

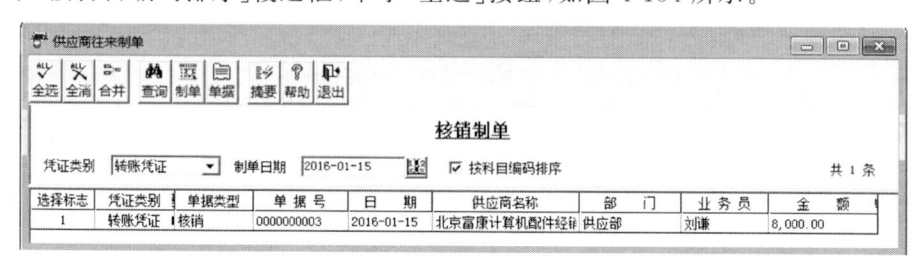

图4-154

步驟6:單擊「製單」按鈕,打開「填製憑證」窗口,系統自動生成轉帳憑證,填入憑證字號為「轉字0009」,附單據數為「2」,單擊「保存」按鈕,如圖4-155所示。

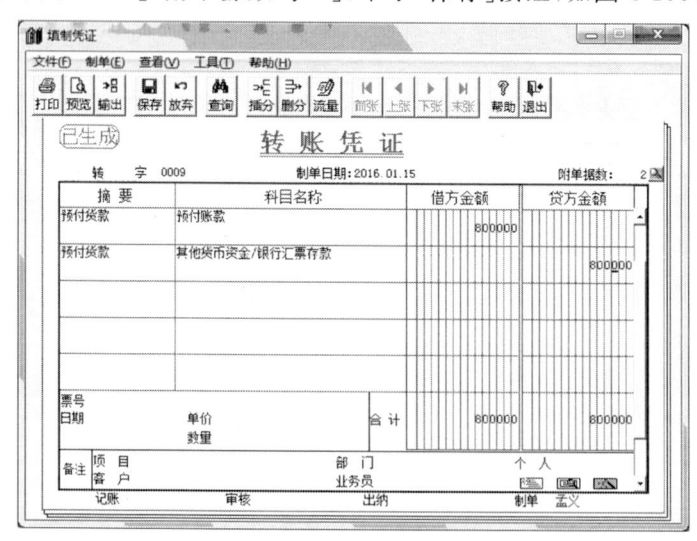

图4-155

步驟7:1月17日,以劉謙的身分根據採購訂單流轉生成採購入庫單,再根據

採購入庫單流轉生成專用發票並填製運費專用發票,完成運費的分配(按採購金額分配)、發票與採購入庫單的結算,以張恭的身分對採購入庫單審核,由孟義進行記帳。

步驟8:以孟義的身分,選擇「核算」|「憑證」|「購銷單據製單」命令,打開「生成憑證」窗口,憑證類別設為「轉帳憑證」,單擊「選擇」按鈕,打開「查詢條件」對話框,選擇「採購入庫單(報銷記帳)」,如圖4-156所示。

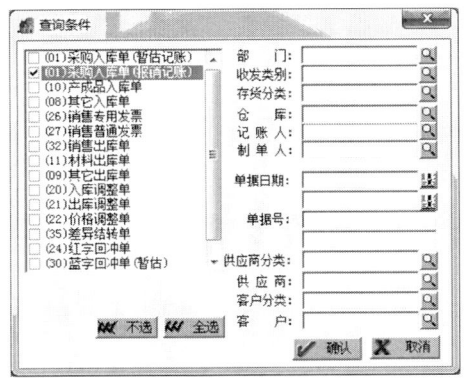

圖4-156

步驟9:單擊「確認」,打開「選擇單據」窗口,單擊「全選」按鈕,選中「幫助」按鈕右側的復選框,如圖4-157所示。

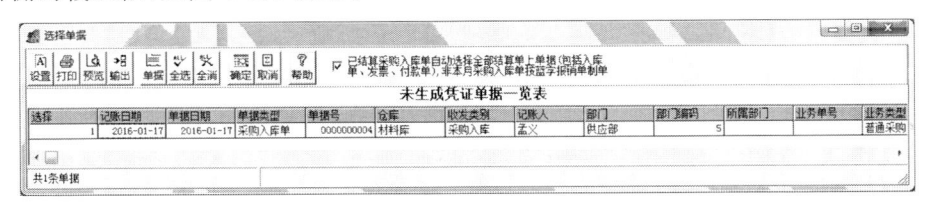

圖4-157

步驟10:單擊「確定」按鈕,系統彈出「選擇單據」提示框,如圖4-158所示。單擊「確定」,打開「生成憑證」窗口,逐一將應付科目編碼改為「1123」,如圖4-159所示。

圖4-158

图4-159

步驟11：單擊「生成」，打開「填製憑證」窗口，憑證字號為「轉字0010」，附單據數為「3」。單擊「保存」按鈕，如圖4-160所示。

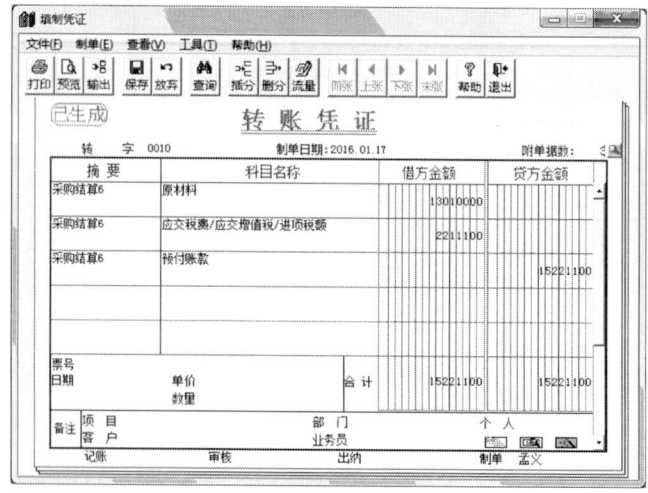

圖4-160

步驟12：重複步驟2至步驟6，完成預付後，付款單上預付合計數為「152,211.00」，如圖4-161所示，補付貨款的記帳憑證如圖4-162所示。

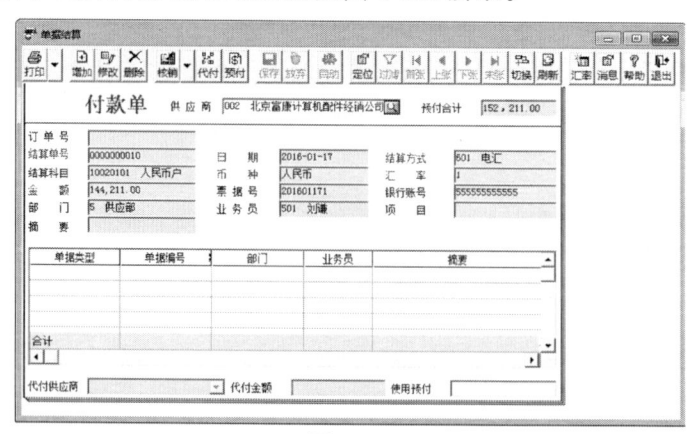

圖4-161

項目四　日常業務處理

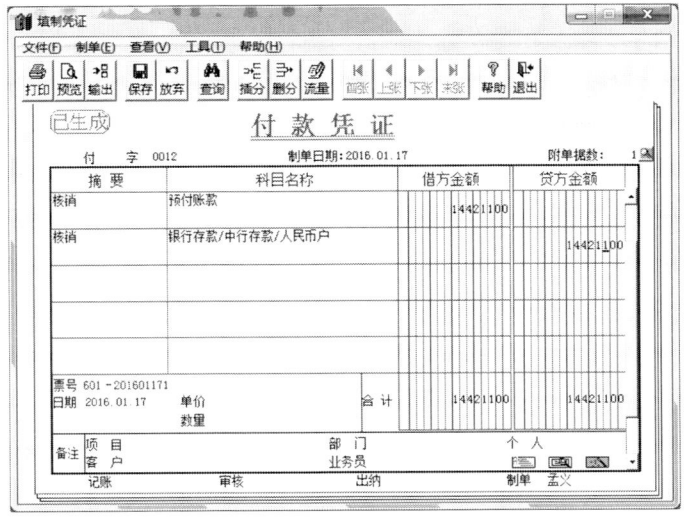

图4-162

二、銷售業務處理

(一)現收業務處理

任務描述

1月5日,營銷部魯良與鄭州冠邦電腦科技公司簽訂銷貨合同一份,向該公司銷售 A 型計算機 300 臺,單價 6,000 元,價稅款總金額 2,106,000.00 元。約定於 1 月 10 日前向對方交貨,付款折扣條件是「2/5,1.5/20,1/35」。見附表 4。相關部門據此進行材料採購和生產。公司於 1 月 10 日完成 300 臺 A 型計算機的生產。見附表 7。鄭州冠邦電腦科技公司業務員 1 月 10 日持轉帳支票提貨,我方營銷部和倉儲部照單發貨,並開出出庫單和專用發票等單據。見附表 8-1、8-2、8-3、8-4。

工作導向

步驟 1:5 日以魯良的身分選擇「銷售」「銷售訂單」命令,打開「銷售訂單」窗口,單擊「增加」按鈕,打開一張空白銷售訂單,依照銷貨合同輸入相關內容,如圖 4-163 所示。

145

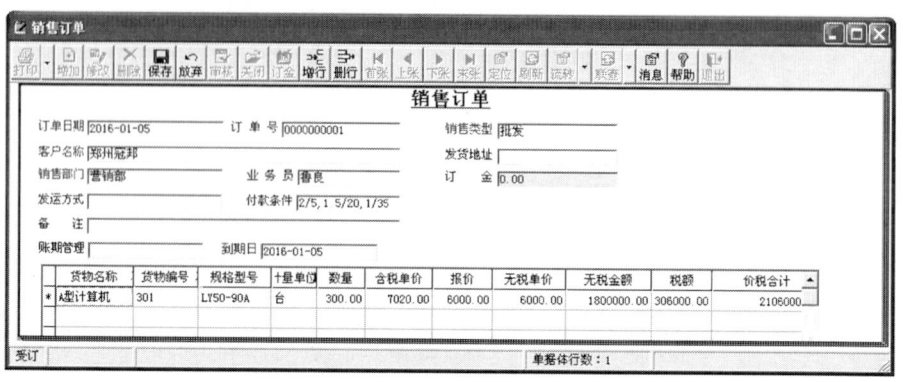

圖4-163

步驟2：單擊「保存」按鈕，單擊「審核」按鈕，系統彈出「銷售管理」提示框，詢問是否只處理當前張，如圖4-164所示，單擊「是」，系統隨即彈出「銷售管理」提示框，如圖4-165所示，告知審核成功，單擊「確定」。單擊「退出」關閉「銷售訂單」窗口。

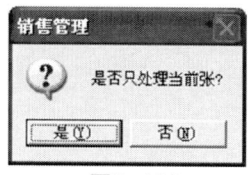

圖4-164　　　　　圖4-165

步驟3：10日以魯良的身分選擇「銷售」「銷售訂單」命令，打開「銷售訂單」窗口，找出1月5日營銷部魯良與鄭州冠邦電腦科技簽訂的訂單。單擊「流轉」按鈕右側的倒三角，展開下拉列表，選擇「生成發貨單」，打開「發貨單」窗口，並自動按訂單內容生成一張發貨單，倉庫欄輸入「成品庫」，如圖4-166所示，單擊「保存」。

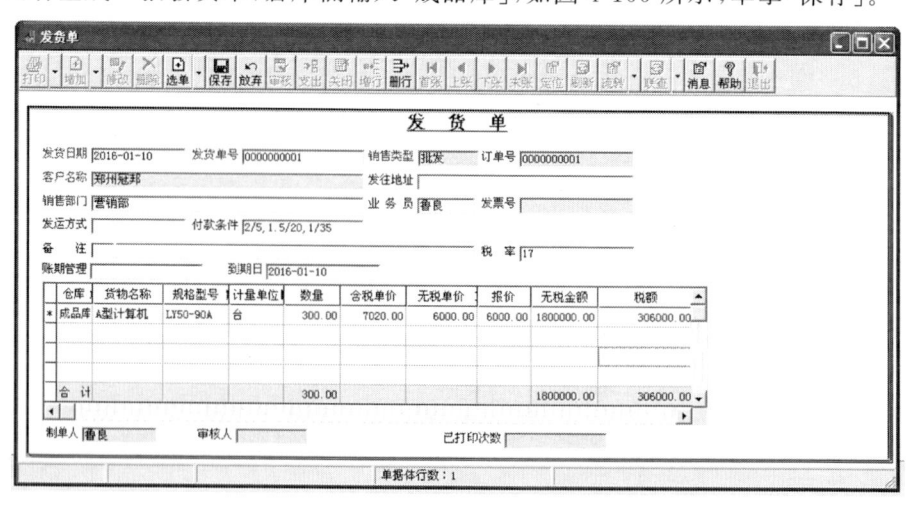

圖4-166

步驟4：單擊「保存」按鈕，在保存發貨單的同時激活「審核」等按鈕，單擊「審核」按鈕，系統彈出「銷售管理」提示框，告知審核時的注意事項及詢問是否審核，如圖4-167所示。單擊「是」，系統再次彈出「銷售管理」提示框，告知審核成功，如圖4-168所示。

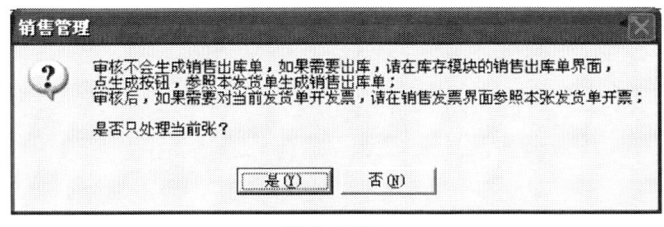

图4-167

图4-168

步驟5：單擊「流轉」按鈕右側的倒三角，展開下拉列表，選擇「生成專用發票」，打開「銷售發票」窗口，系統自動生成一張與發貨單對應的銷售專用發票，將發票號、到期日等內容補充完整，如圖4-169所示，單擊「保存」按鈕。單擊「現結」按鈕，打開「銷售現結」對話框，輸入相關收款結算內容，如圖4-170所示。單擊「確定」，系統彈出「提示」框，告知現結記錄已保存，如圖4-171所示。單擊「確定」，單擊「退出」關閉「銷售現結」對話框，系統彈出「銷售管理」提示框，告知現結成功，如圖4-172所示，單擊「確定」，此時專用發票右上角蓋上「現結」印章。

图4-169

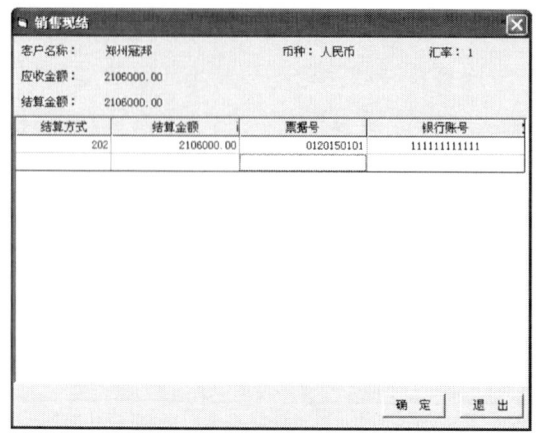

图4-170　　　　　　　　　　图4-171　　　　　　图4-172

步驟6：操作員更換為孔禮，選擇「銷售」|「銷售發票」命令，打開「銷售發票」窗口，找到需要復核的專用發票，單擊「復核」按鈕，系統彈出「銷售管理」提示框，告知復核時的注意事項及詢問是否只處理當前張，如圖4-173所示。單擊「是」，系統再次彈出「銷售管理」提示框，告知復核成功，如圖4-174所示，單擊「確定」，此時專用發票下方的復核人處簽上復核人「孔禮」的姓名，如圖4-175所示。

图4-173

图4-174 　　　　　　　　　　　　　　　　　图4-175

步驟7：操作員更換為張恭，選擇「庫存」|「銷售出庫單生成/審核」命令，打開「銷售出庫單」窗口，如圖4-176所示。單擊「生成」按鈕，打開「發貨單或發票參照」窗口，單擊「刷新」按鈕，可供參照的發貨單則出現在表體，單擊需選擇的發貨單所在的行將其選中，如圖4-177所示。單擊「確認」按鈕，系統彈出「庫存管理系統」提示框，提醒出庫數量大於庫存數量，並詢問是否重新指定出庫數量，如圖4-178所示。單擊「否」，系統依照發貨單生成相應的出庫單，證明產品發出，如圖4-179所示。單擊「審核」按鈕對出庫單進行審核。單擊「退出」關閉「銷售出庫單」窗口。

项目四　日常業務處理

图4-176

图4-177

图4-178

图4-179

步驟8：更換操作員為孟義，選擇「核算」|「核算」|「正常單據記帳」命令，打開「正常單據記帳」窗口，如圖4-180所示。單擊需要記帳的單據所在的行，選中這些單據（如果所列示的全部單據都記帳，則單擊「全選」按鈕），單擊「記帳」按鈕。單擊「退出」按鈕關閉「正常單據記帳」窗口。

149

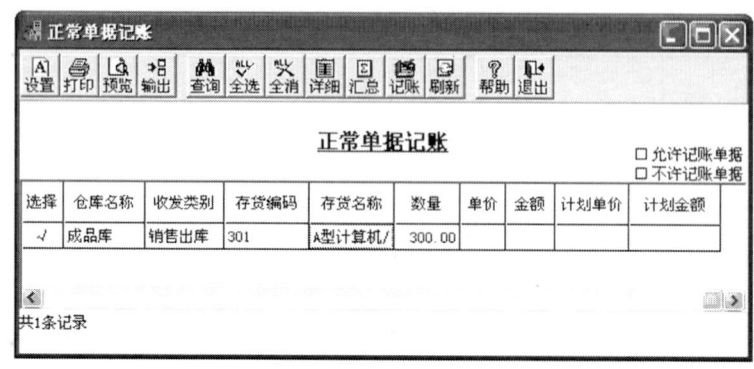

图4-180

步驟9：選擇「核算」|「憑證」|「客戶往來製單」命令，打開「客戶製單查詢」對話框，選中「現結製單」復選框，如圖4-181所示。單擊「確認」，打開「客戶往來製單」窗口，如圖4-182所示。雙擊需要記帳的單據所在的行，選中這些單據（如果所列示的全部單據都記帳，則單擊「全選」按鈕），單擊「製單」按鈕，打開「填製憑證」窗口，憑證字號填入「收字1號」，修改附單據數，單擊「保存」按鈕，如圖4-183所示。退出「填製憑證」窗口，退出「客戶往來製單」窗口。

图4-181

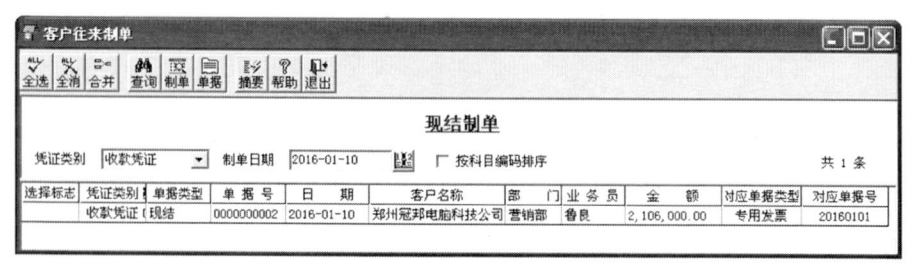

图4-182

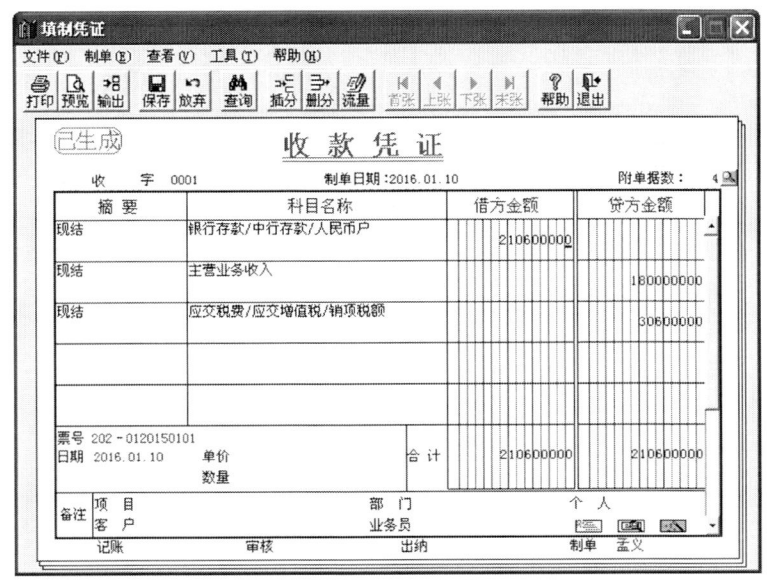

項目四　日常業務處理

```
填制凭证
文件(F)  制单(E)  查看(V)  工具(T)  帮助(H)
打印 预览 输出 保存 放弃 查询 插入 翻页 流量 首张 上张 下张 末张 帮助 退出
```

已生成　　　　　　收　款　凭　证

收　字　0001　　　　制單日期:2016.01.10　　　　附單據數:　4

摘　要	科目名稱	借方金額	貸方金額
現結	銀行存款/中行存款/人民幣戶	2106000 00	
現結	主營業務收入		1800000 00
現結	應交稅費/應交增值稅/銷項稅額		306000 00

票號 202-0120150101　　單價　　　　合計　2106000 00　　2106000 00
日期 2016.01.10　　數量

備註　項　目　　　　　　部　門　　　　　個　人
　　　客　戶　　　　　　業務員
記賬　　　　審核　　　　出納　　　　制單　孟义

圖4-183

(二)應收帳款核銷處理

任務描述

1月13日，銷售部魯良收回上月廣州中天計算機商貿有限公司所欠貨款69,498.00元，因客戶在折扣期內付款，享受1%的現金折扣，折扣金額702.00元記入財務費用。見附表17-1、17-2。

工作導向

步驟1：以魯良的身分註冊，選擇「銷售」|「客戶往來」|「收款結算」命令，打開「單據結算—收款單」窗口，在客戶文本框參照填入「廣州中天計算機商貿有限公司」，單擊「增加」按鈕，系統自動檢索到該客戶的應收帳款信息並填入收款單，再手動填入「結算方式」、「金額」、「票據號」和「摘要」等信息，如圖4-184所示。

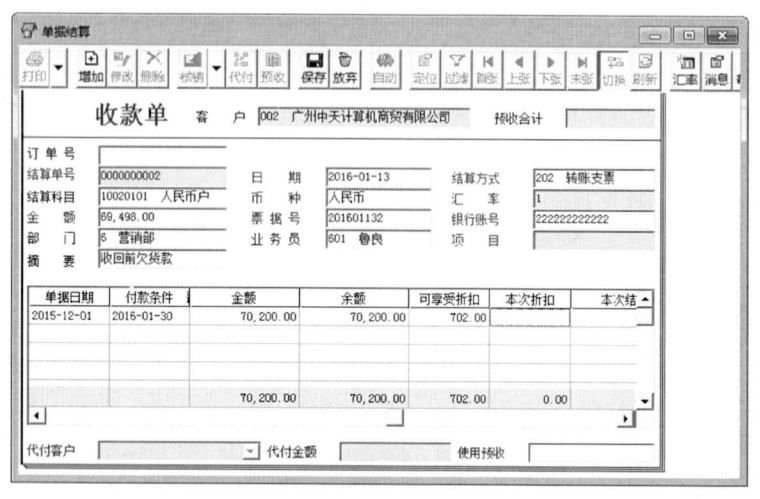

圖4-184

步驟2：單擊「保存」按鈕，再單擊「核銷」按鈕，根據可享受折扣的金額在收款單表體的「本次折扣」欄填入「702.00」，在「本次結算」欄填入「69,498.00」，如圖4-185所示。

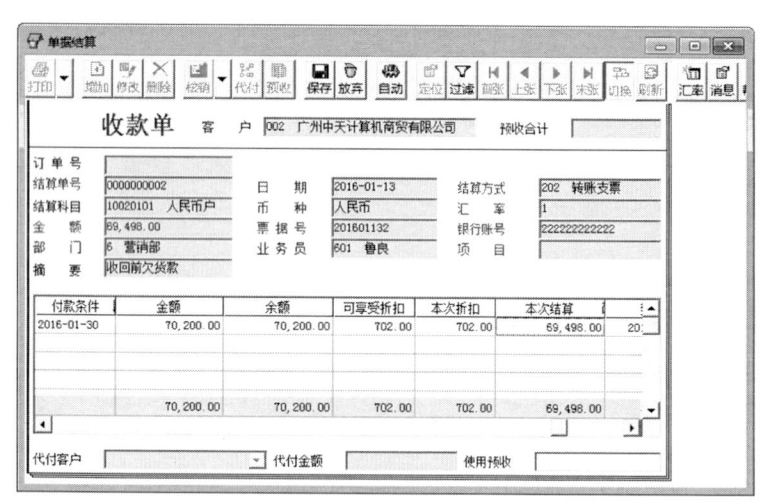

圖4-185

步驟3：單擊「保存」按鈕，單擊「退出」按鈕關閉「單據結算—收款單」窗口。

步驟4：操作員更換為孔禮，選擇「核算」|「憑證」|「客戶往來製單」命令，彈出「客戶製單查詢」對話框，選擇「核銷製單」，如圖4-186所示。

項目四　日常業務處理

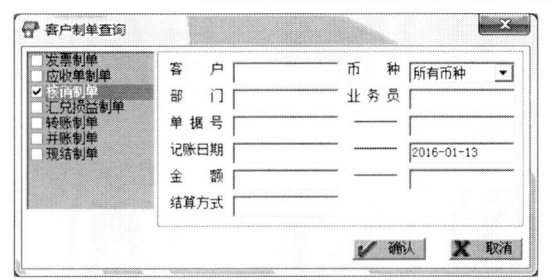

圖4-186

步驟5：單擊「確認」，打開「客戶往來製單」窗口，憑證類別選擇「收款憑證」，選中「按科目編碼排序」復選框，單擊「全選」按鈕，如圖4-187所示。

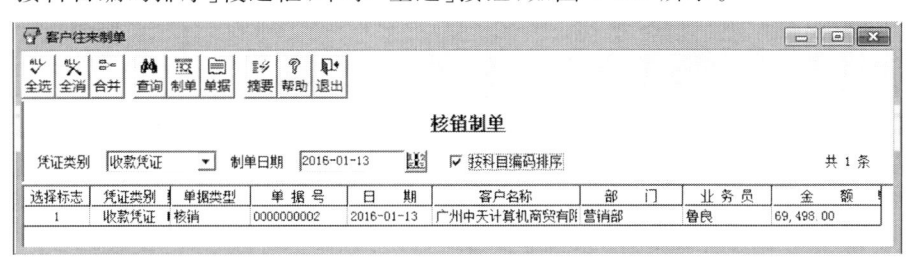

圖4-187

步驟6：單擊「製單」按鈕，打開「填製憑證」窗口，系統自動生成收款憑證，填入憑證字號為「收字0002」，附單據數為「1」，單擊「保存」按鈕，如圖4-188所示。

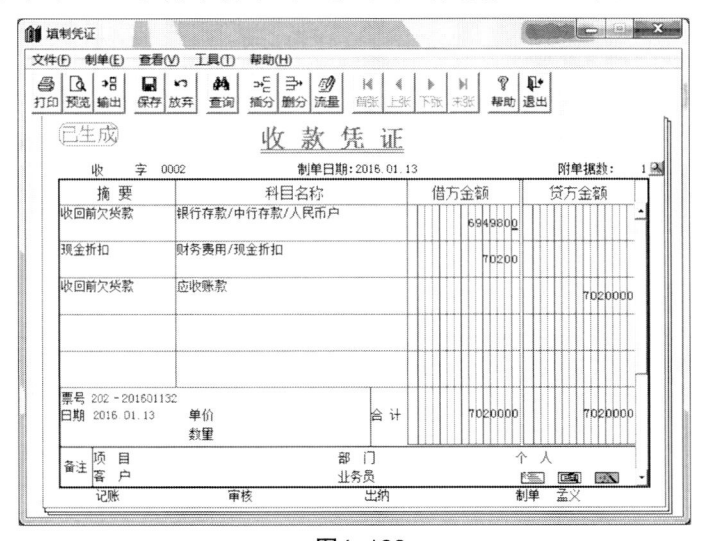

圖4-188

153

（三）預收業務處理

任務描述

1月14日，銷售部魯良與洛陽九都電子科技公司簽訂銷售B產品合同，對方用銀行匯票預付訂金10,000元。見附表19-1至19-3。1月21日，向洛陽九都電子科技公司發出B型計算機，開出增值稅專用發票，並為其用現金為對方代墊運費300元，見附表26-1至26-3。1月21日，收到補付款，見附表27。

工作導向

步驟1：1月14日，以魯良的身分填製銷售訂單。

步驟2：選擇「銷售」|「客戶往來」|「收款結算」命令，打開「單據結算—收款單」窗口，在「客戶」文本框通過參照填入「洛陽九都電子科技公司」，單擊「增加」按鈕，系統自動檢索到應收該客戶的債權信息並填入「收款單」，然後手動填入「結算方式」「結算金額」「票據號」和「摘要」等信息，如圖4-189所示。

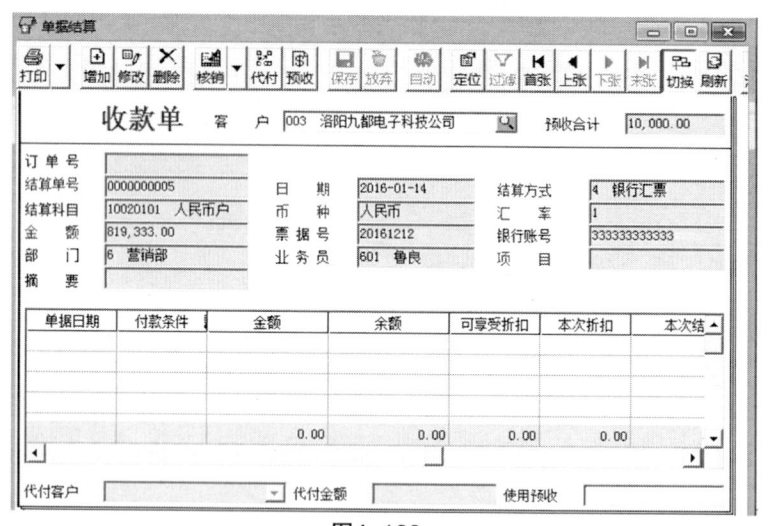

圖4-189

步驟3：單擊「保存」按鈕，再單擊「預收」按鈕，單擊「退出」按鈕關閉「單據結算」窗口。

步驟4：更換操作員為孟義，選擇「核算」|「憑證」|「客戶往來製單」命令，彈出「客戶製單查詢」對話框，選擇「核銷製單」，如圖4-190所示。

項目四　日常業務處理

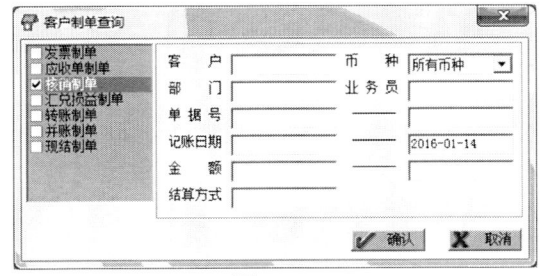

图4-190

步驟5：單擊「確認」，打開「客戶往來製單」窗口，憑證類別選擇「收款憑證」，選中「按科目編碼排序」復選框，單擊「全選」按鈕，如圖4-191所示。

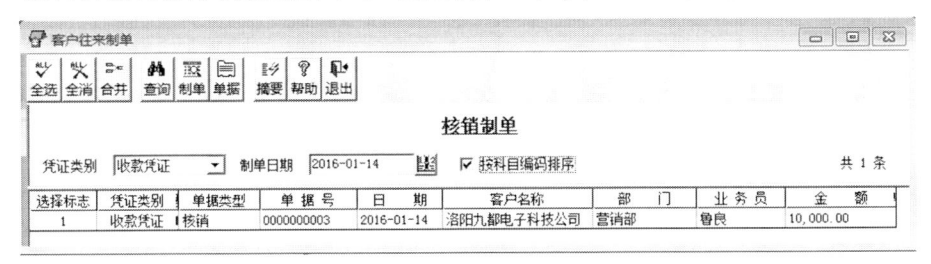

图4-191

步驟6：單擊「製單」按鈕，打開「填製憑證」窗口，系統自動生成收款憑證，填入憑證字號為「收字0003」，附單據數為「2」，單擊「保存」按鈕，如圖4-192所示。

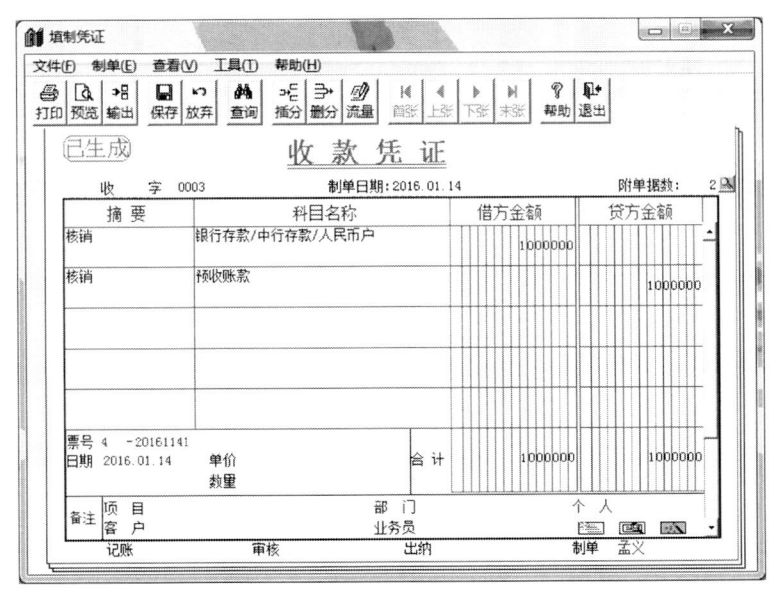

图4-192

步驟7：1月21日，以劉謙的身分根據銷售訂單流轉生成發貨單，再根據發貨

155

單流轉生成專用發票。單擊專用發票的「代墊」按鈕，打開「代墊費用單」窗口，填入代墊運輸費用相關內容，並進行審核，如圖 4-193 所示。

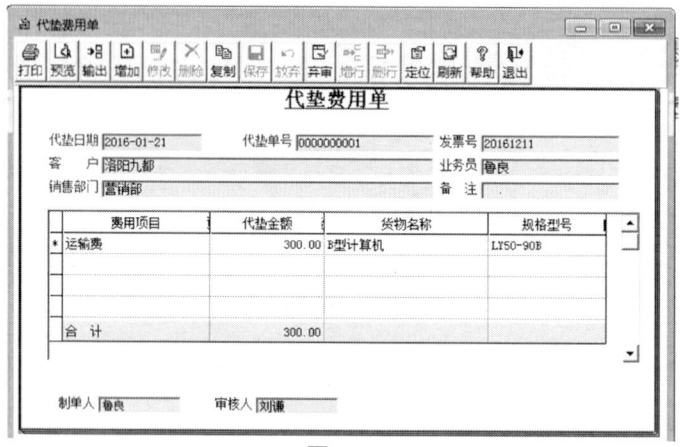

图4-193

步驟 8：以張恭的身分選擇「庫存」|「銷售出庫單生成 審核」|命令，完成銷售出庫單的生成和審核，由孟義進行記帳。

步驟 9：以孟義的身分，選擇「核算」|「憑證」|「客戶往來製單」|命令，打開「客戶製單查詢」對話框，選擇「發票製單」和「應收單製單」，如圖 4-194 所示。

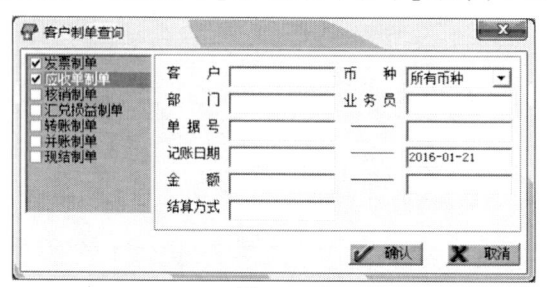

图4-194

步驟 10：單擊「確認」，打開「選擇單據」窗口，單擊「全選」按鈕，再單擊「合併」按鈕，憑證類別選擇付款憑證，如圖 4-195 所示。

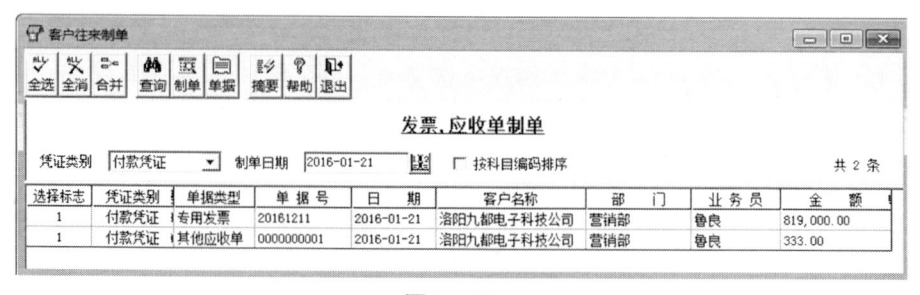

图4-195

項目四　日常業務處理

步驟 11：單擊「製單」按鈕，打開「填製憑證」窗口，憑證字號為「付字 0011」，附單據數為「4」，第 1 行科目改為「預收帳款」，系統彈出「輔助項」對話框，如圖 4-196 所示，第 5 行科目輸入「庫存現金」，單擊「保存」按鈕，系統彈出「憑證」提示框，如圖 4-197 所示。

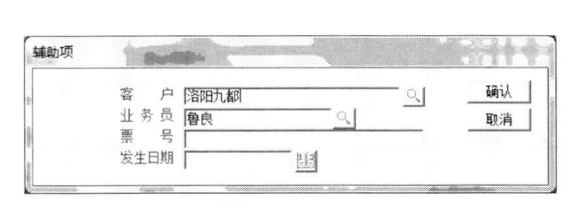

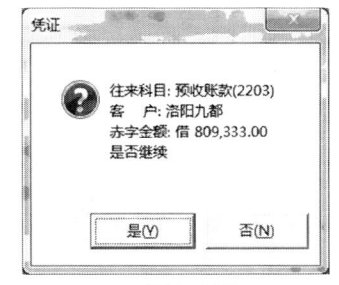

圖4-196　　　　　　　　　　　　　　圖4-197

步驟 12：單擊「是」，單擊「保存」按鈕，生成付款憑證，如圖 4-198 所示。

圖4-198

步驟 13：重複步驟 2 至步驟 6，完成預收後，收款單上預收合計數為「819,333.00」，如圖 4-199 所示，補收貨款的記帳憑證如圖 4-200 所示。

157

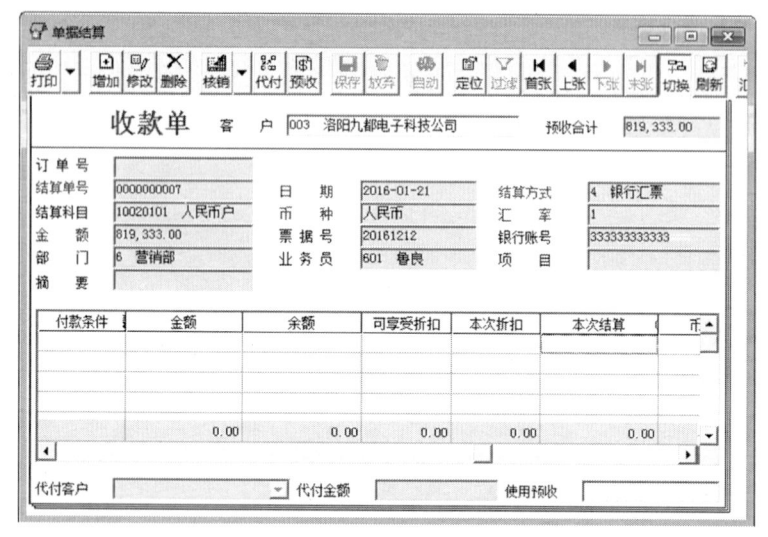

图4-199

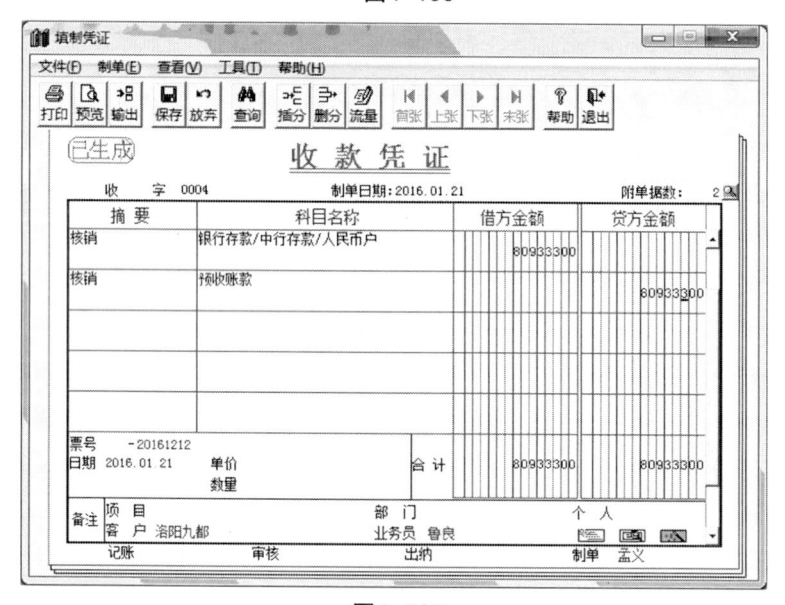

图4-200

（四）銷售成本結轉

任務描述

1月31日，以倉儲部經理張恭的身分完成良友電子科技有限公司當月出庫單的生成，並以孟義的身分完成計算並查詢庫存商品的加權平均單價，並在此基礎上

項目四　日常業務處理

完成當月銷售成本的結轉。見附表 53-1、53-2。

工作導向

步驟1：以張恭的身分選擇「庫存」|「銷售出庫單生成 /審核」命令，打開「銷售出庫單」窗口，單擊「生成」按鈕，打開「發貨單或發票參照」窗口，單擊「刷新」按鈕，窗口列出當月填製的發貨單，單擊「全選」按鈕，如圖 4-201 所示。

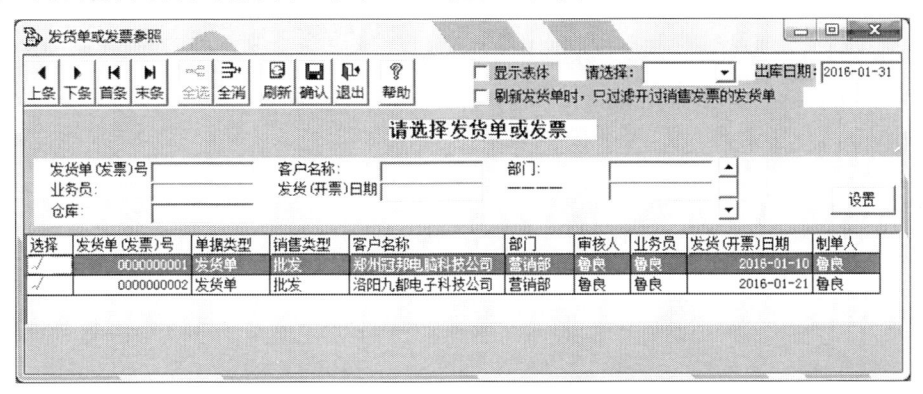

圖4-201

步驟2：單擊「確認」按鈕，系統填製兩張銷售出庫單，如圖 4-202、圖 4-203 所示。

圖4-202

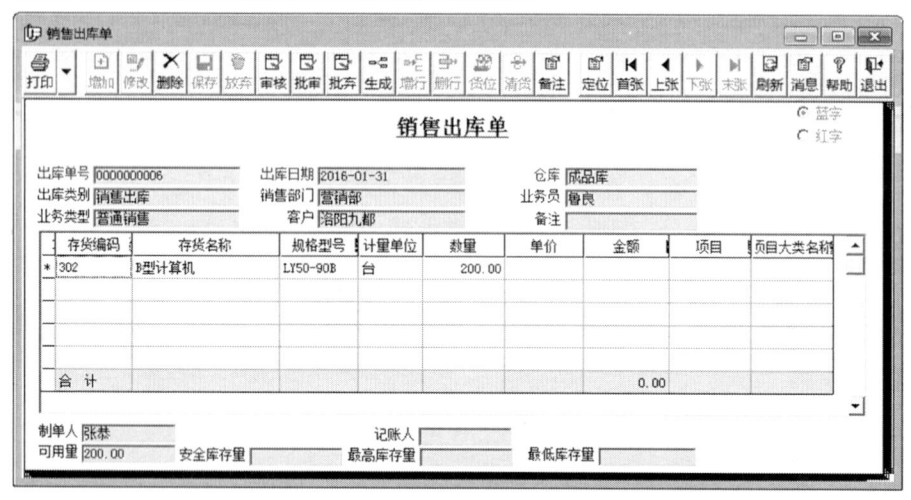

图4-203

步驟3：更換操作員為會計孟義，選擇「核算」「核算」「平均單價計算」命令，打開「平均單價計算」對話框，分別參照填入倉庫為「成品庫」、存貨為「A型計算機」和「B型計算機」，如圖4-204所示。

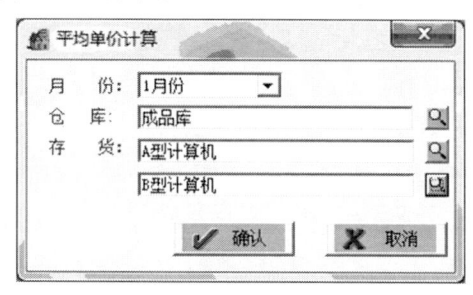

圖4-204

步驟4：單擊「確認」按鈕，打開「月平均單價計算表」窗口，如圖4-205所示。記錄A型計算機和B型計算機的平均單價分別為4,250.89元和2,932.97元。

圖4-205

步驟5：選擇「核算」|「銷售出庫單」命令，打開「銷售出庫單」窗口，單擊「修改」按鈕，在兩張銷售出庫單中輸入單價分別為4,250.89元和2,932.97元，如圖4-206、4-207所示。

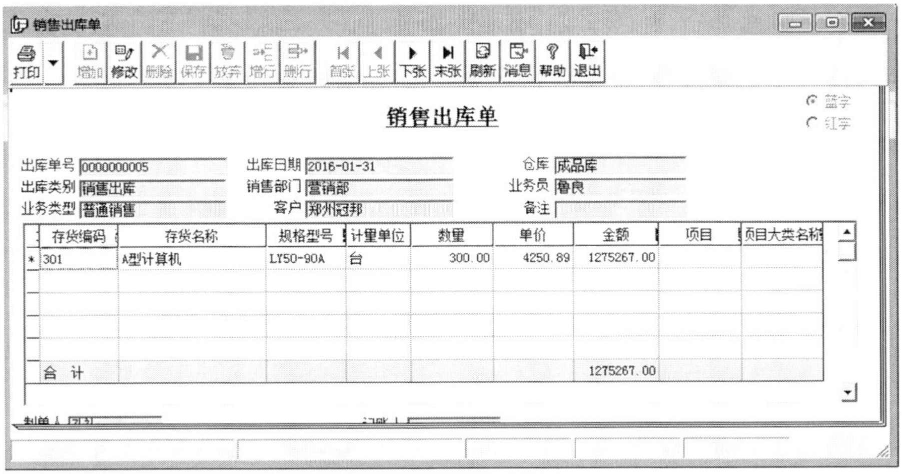

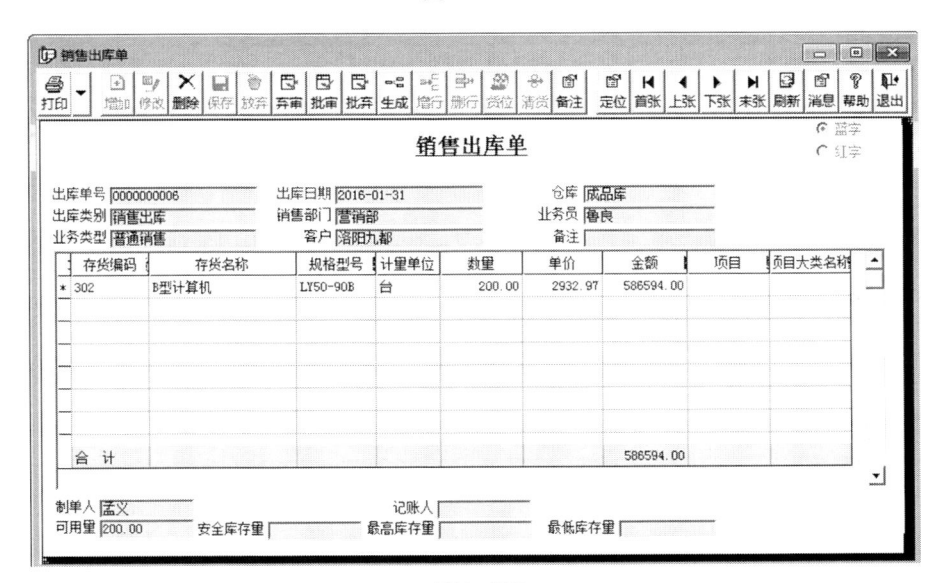

圖4-206

圖4-207

步驟6：選擇「庫存」|「銷售出庫單生成 審核」命令，對兩張出庫單進行審核。

步驟7：選擇「核算」|「核算」|「正常單據記帳」命令，打開「正常單據記帳條件」對話框，倉庫選擇「成品庫」，單據類型選擇「銷售出庫單」，如圖4-208所示。

會計電算化實訓教程

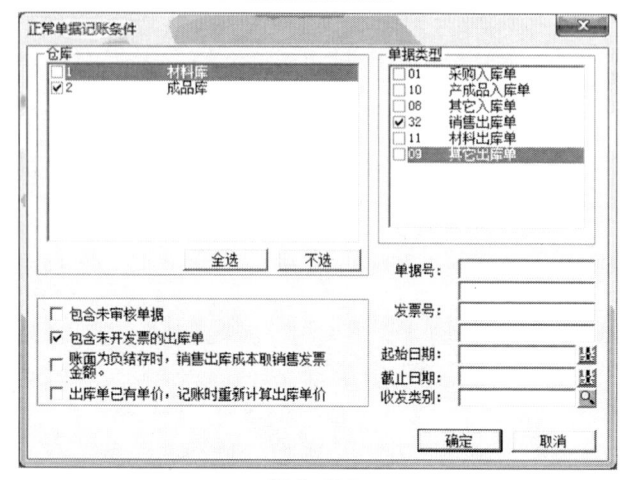

圖4-208

步驟8：單擊「確定」按鈕，打開「正常單據記帳」窗口，如圖4-209所示。單擊「全選」按鈕，單擊「記帳」按鈕。

圖4-209

步驟9：選擇「核算」|「憑證」|「購銷單據製單」|命令，打開「生成憑證」窗口，憑證類別選擇「轉帳憑證」，單擊「選擇」按鈕，打開「查詢條件」對話框，選擇「銷售出庫單」，如圖4-210所示。

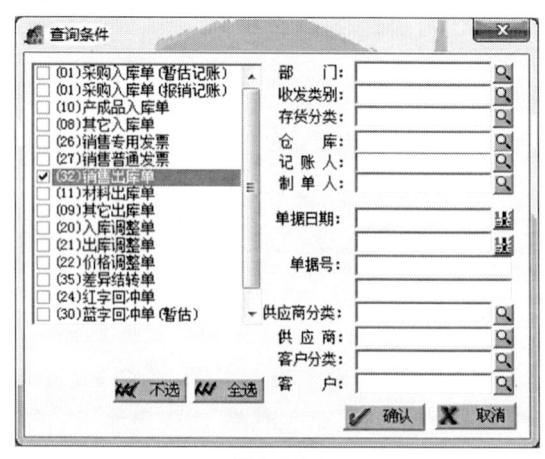

圖4-210

項目四　日常業務處理

步驟10：單擊「確定」按鈕，打開「選擇單據」窗口，單擊「全選」按鈕，如圖4-211所示。

图4-211

步驟11：單擊「確定」按鈕，回到「生成憑證」窗口」窗口，如圖4-212所示。

图4-212

步驟12：單擊「合成」按鈕，打開「填製憑證」窗口，憑證字號填入「轉字0032」，單擊「保存」按鈕，憑證生成，如圖4-213所示。

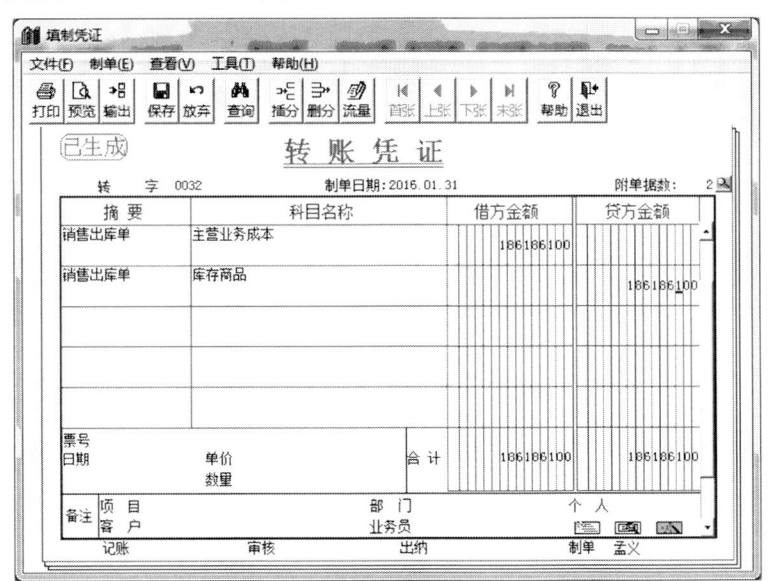

图4-213

163

三、存貨出入庫業務處理

(一)材料出庫業務處理

任務描述

1月7日，生產部按銷貨訂單下達生產計劃，開始組裝生產鄭州冠邦電腦科技公司所訂購的300臺A型計算機，生產部顏讓完成生產領料。見附表6。

工作導向

步驟1：以操作員顏讓的身分，選擇「庫存」「材料出庫單」命令，打開「材料出庫單」窗口，單擊「增加」按鈕，新增一張材料出庫單並輸入相關信息，如圖4-214所示。

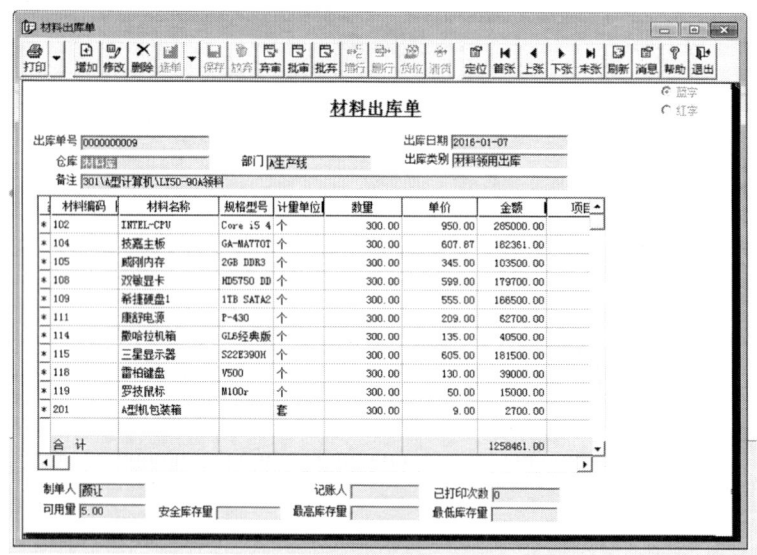

圖4-214

步驟2：更換操作員為張恭，選擇「庫存」「材料出庫單」命令，打開「材料出庫單」窗口，單擊「審核」按鈕，單擊「退出」。

步驟3：更換操作員為孟義，選擇「核算」「核算」「正常單據記帳」命令，打開「正常單據記帳條件」對話框，倉庫選擇「材料庫」，單據類型選擇「材料出庫單」，完成材料出庫單記帳。

步驟4：選擇「核算」「憑證」「購銷單據製單」命令，打開「生成憑證」窗口，單擊「選擇」按鈕，打開「查詢條件」對話框，選擇「材料出庫單」選項，如圖4-215所示。

單擊「確認」,打開「選擇單據」窗口,單擊「全選」按鈕,如圖 4-216 所示。

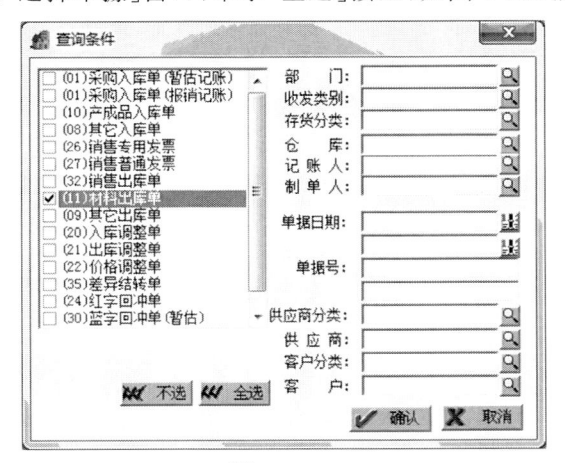

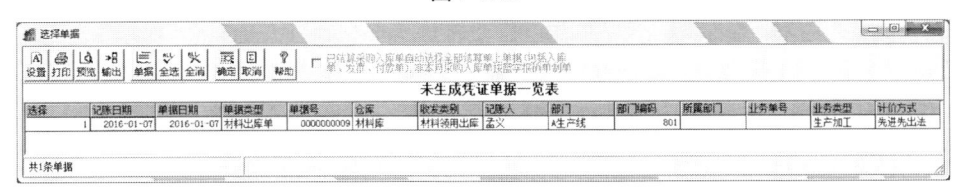

圖4-215

圖4-216

步驟 5:單擊「確定」按鈕,打開「生成憑證」窗口,如圖 4-217 所示。將憑證類別改為「轉 轉帳憑證」,單擊「生成」按鈕,查詢所生成的憑證,輸入憑證編號為「0005」,輔助項「項目名稱」輸入項目編碼「01」,系統自動顯示項目名稱,如圖 4-218 所示。單擊「確認」,打開「聯查憑證」窗口,系統顯示憑證生成,如圖 4-219 所示。

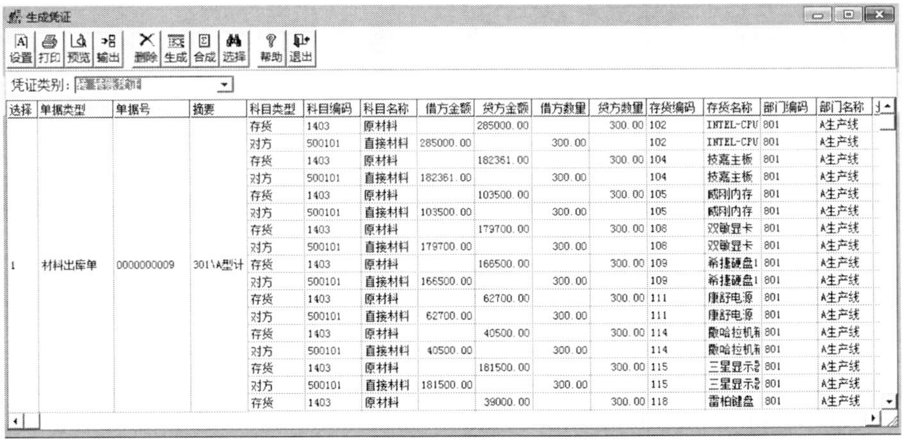

圖4-217

图4-218

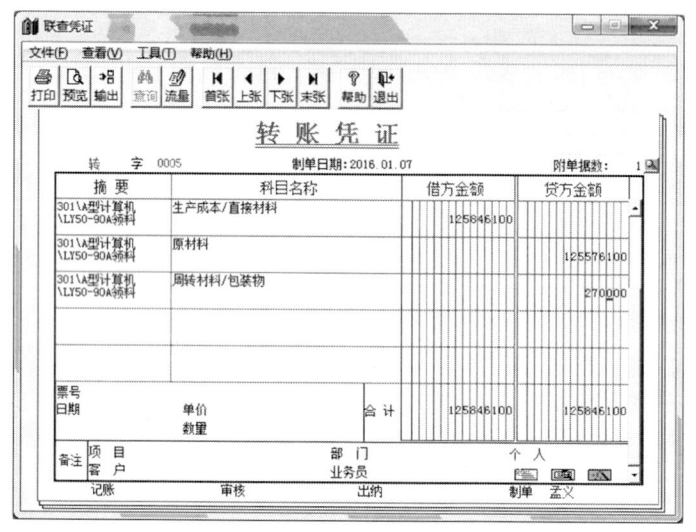

图4-219

自主探究

1月17日,生產部按銷貨訂單下達生產計劃,開始組裝生產洛陽九都電子科技公司所訂購的200臺B型計算機300臺,生產部顏讓完成生產領料。見附表24。

(二)產成品入庫業務處理

任務描述

1月10日,生產部為鄭州冠邦電腦科技公司所生產的A型計算機300臺完工。見附表7。以生產部顏讓的身分完成產成品入庫單的填製,並以會計孟義的身分進行月末生產成本的分配。見附錄業務52。

工作導向

步驟1:以生產部顏讓的身分註冊,選擇「庫存」|「產成品入庫單」命令,打開「產成品入庫單」窗口,輸入相關信息,單擊「保存」按鈕,如圖4-220所示。

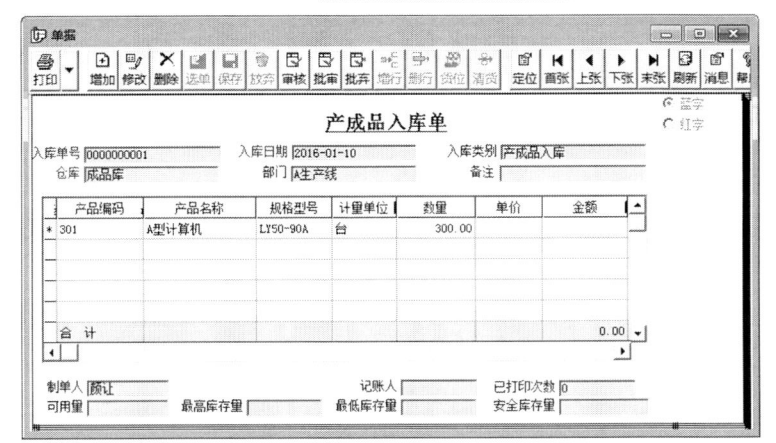

图4-220

步驟2:31日,以操作員孟義的身分,查詢得到A型計算機的生產總成本為1,276,061.91元,其中直接材料費用為1,258,461.00元,直接人工費用為9,409.54元,直接動力費為248.35元、製造費用為7,943.02元。

步驟3:選擇「庫存」「產成品入庫單」命令,打開「產成品入庫單」窗口,將A型計算機的生產總成本為1,276,061.91元輸入到金額欄,系統自動計算出單位成本4,253.54元,單擊「保存」按鈕。

步驟4:更換操作員為顏讓,選擇「庫存」「產成品入庫單」命令,打開「產成品入庫單」窗口,單擊「審核」按鈕進行審核,如圖4-221所示。

图4-221

步驟5:更換操作員為孟義,選擇「核算」「核算」「正常單據記帳」命令,打開「正常單據記帳條件」對話框,倉庫選擇「成品庫」,單據類型選擇「產成品入庫單」,如圖4-222所示。

會計電算化實訓教程

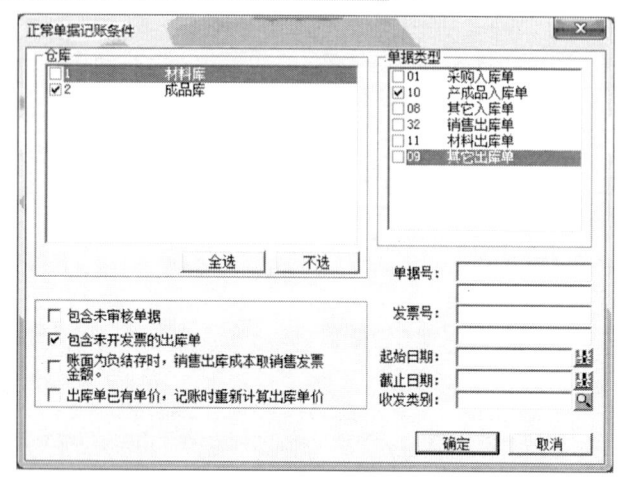

圖4-222

步驟6：單擊「確定」按鈕，打開「正常單據記帳」窗口，單擊「全選」按鈕，如圖4-223所示。單擊「記帳」按鈕完成記帳，之後退出「正常單據記帳」窗口。

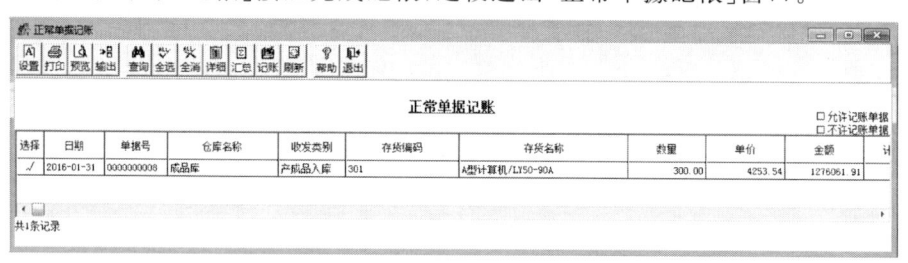

圖4-223

步驟7：選擇「核算」|「憑證」|「購銷單據製單」命令，打開「生成憑證」窗口，單擊「選擇」按鈕，打開「條件查詢」對話框，選中「產成品入庫單」復選框，如圖4-224所示。

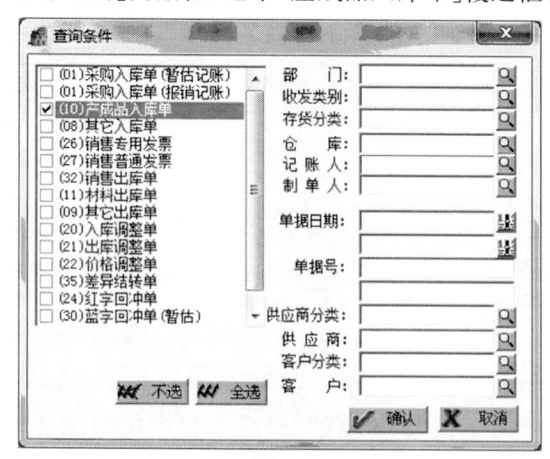

圖4-224

步驟8：單擊「確認」按鈕，打開「選擇單據」窗口，如圖4-225所示，單擊「全選」按鈕。

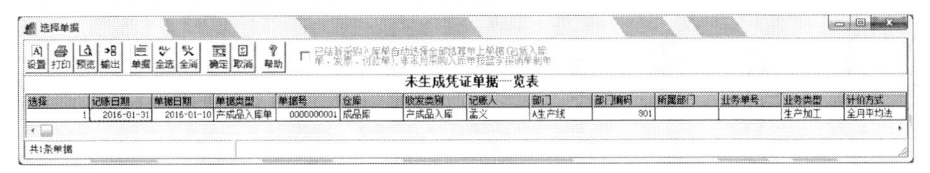

圖4-225

步驟9：單擊「確定」按鈕，回到「生成憑證」窗口，憑證類別改為「轉 轉帳憑證」，如圖4-226所示。

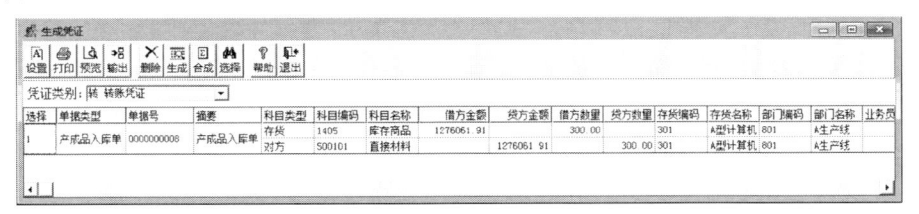

圖4-226

步驟10：單擊「生成」按鈕，打開「填製憑證」窗口，填入憑證字號為「轉字0030」，增加「直接人工」、「直接動力費」和「製造費用」三個明細科目，並將查詢的數據填入相應明細科目的貸方金額欄，如圖4-227所示。

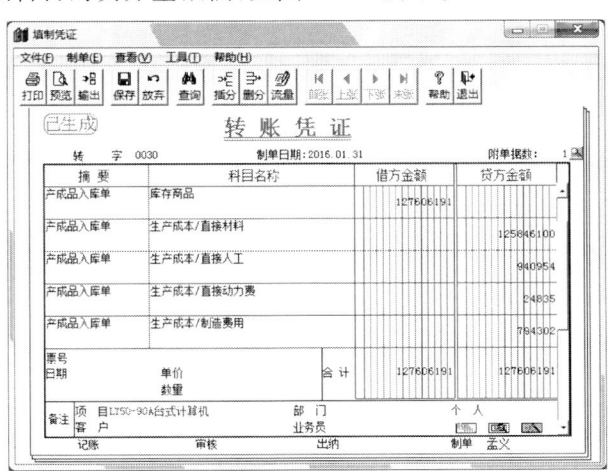

圖4-227

自主探究

1月20日，生產部為洛陽九都電子科技公司所生產的B型計算機200臺完工。以生產部顏讓的身分完成產成品入庫單的編製和以操作員孟義的身分進行相應記帳憑證的處理。見附表25。

項目五　期末業務處理

目標引領

掌握暢捷通 T3 工資管理、固定資產管理、購銷存管理、總帳管理等各子系統期末結帳的方法以及運用核算模塊完成倉庫期末處理的方法。

掌握暢捷通 T3 各子系統不能正常進行期末處理時的解決方法。

情境導入

2016 年 1 月 31 日，良友電子科技有限公司已根據當月發生的各項經濟業務，使用暢捷通 T3 完成了會計憑證的填製、復核和記帳工作，接下來的任務是由相關操作員完成對暢捷通 T3 各子系統的期末結帳處理。

任務一　工資管理系統期末處理

任務描述

2016 年 1 月 31 日，良友電子科技有限公司工資類別主管莊智對工資管理系統進行期末處理，將當月的工資數據經過期末處理後結轉至下月。

工作導向

步驟 1：選擇「工資」｜「業務處理」｜「月末處理」命令，打開「月末處理」對話框，如圖 5-1 所示。

項目五　期末業務處理

步驟2：單擊「確認」按鈕，系統彈出「月末處理之後，本月工資將不許變動！繼續月末處理嗎？」提示框，如圖5-2所示。

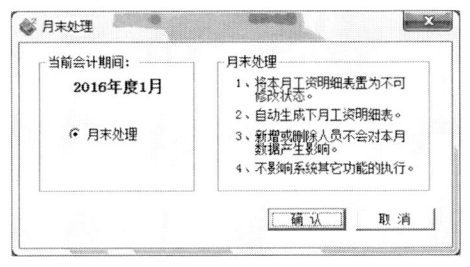

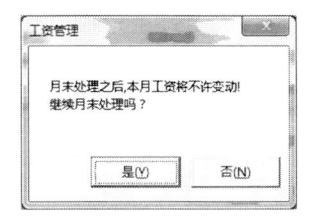

图5-1

图5-2

步驟3：單擊「是」按鈕，系統彈出「是否選擇清零項？」提示框，如圖5-3所示。

步驟4：如果單擊「否」按鈕，系統彈出「月末處理完畢！」提示框。

步驟5：如果單擊「是」按鈕，則打開「選擇清零項目」對話框，依次選中「病假天數」「事假天數」「曠工天數」「遲到次數」「加班天數」「產品產量」「代扣房租」「代扣水電費」「取暖費」等項，單擊 > 按鈕，如圖5-4所示。

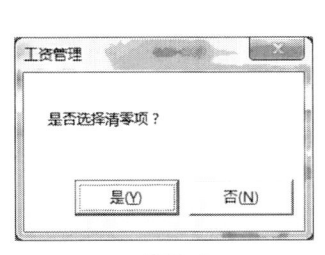

图5-3

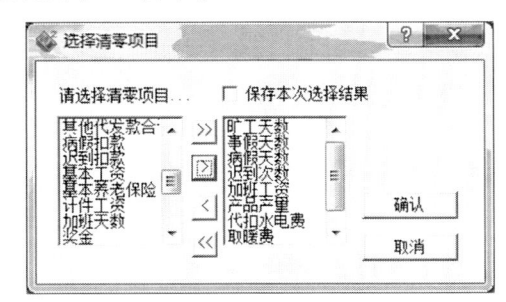

图5-4

步驟6：單擊「確認」按鈕，系統顯示「月末處理完畢！」，如圖5-5所示。

图5-5

自主探究

2016年2月1日，以良友電子科技有限公司工資類別主管莊智的身分對工資管理系統1月份進行反結帳處理。

任務二　固定資產管理系統期末處理

一、固定資產管理系統期末對帳

任務描述

2016年1月31日，良友電子科技有限公司固定資產主管陳誠將固定資產管理系統與總帳系統進行對帳，檢查兩個系統對公司固定資產的處理是否相符，並且在對帳相符的前提下，對固定資產管理系統進行期末結帳處理。

工作導向

步驟1：選擇「固定資產」「處理」「對帳」命令，系統彈出「與帳務對帳結果」提示框，如圖5-6所示。

步驟2：單擊「確定」按鈕。

二、固定資產管理系統期末結帳

任務描述

2016年1月31日，良友電子科技有限公司資產部經理陳誠在固定資產管理系統與總帳系統對帳相符的前提下，對固定資產管理系統進行期末結帳處理。

工作導向

步驟1：選擇「固定資產」「處理」「期末處理」命令，打開「月末結帳」對話框，如圖5-7所示。

項目五　期末業務處理

圖5-6　　　　　　　　　　　　　　圖5-7

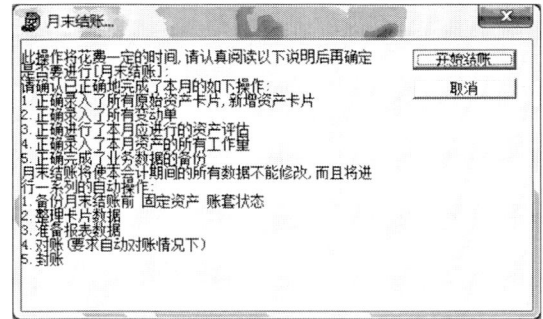

步驟2：單擊「開始結帳」按鈕，系統自動與總帳系統核對，並彈出「與帳務對帳結果」提示框，如圖5-8所示。

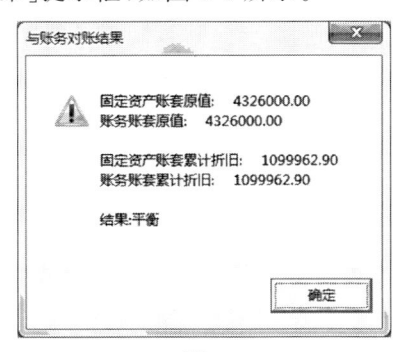

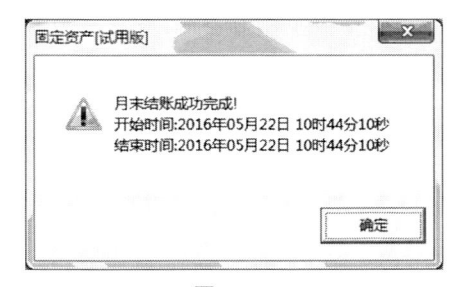

圖5-8　　　　　　　　　　　　　　圖5-9

步驟3：單擊「確定」按鈕，系統自動完成結帳處理，並彈出「固定資產」提示框，告知「月末結帳成功完成」，如圖5-9所示。

步驟4：單擊「確定」按鈕，系統彈出「固定資產」提示框，告知「本帳套最新可修改日期已經更改為2016－02－01，……」，如圖5-10所示。單擊「確定」按鈕。

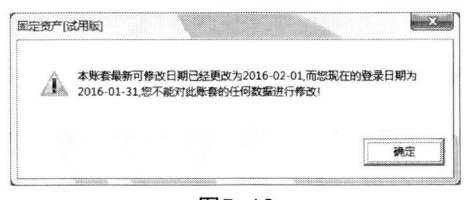

圖5-10

自主探究

以良友電子科技有限公司資產部經理陳誠的身分對固定資產管理系統進行期末反結帳處理。

任務三　購銷存管理系統期末處理

一、採購子系統期末結帳

任務描述

2016年1月31日，良友電子科技有限公司供應部經理劉謙對採購系統進行期末結帳處理。

工作導向

步驟1：選擇「採購」|「月末結帳」命令，打開「月末結帳」對話框。

步驟2：雙擊1月所在的行，選擇標記顯示「選中」，如圖5-11所示。

步驟3：單擊「月結檢測」按鈕，系統彈出「採購管理」提示框，告知「沒有待處理業務，可以成功月末處理！」，如圖5-12所示，單擊「確定」按鈕。

圖5-11

圖5-12

圖5-13

步驟4：單擊「結帳」按鈕，系統彈出「採購管理」提示框，告知「月末結帳完畢！」，如圖5-13所示，單擊「確定」按鈕。

項目五　期末業務處理

自主探究

以良友電子科技有限公司供應部經理劉謙的身分對採購系統進行期末反結帳處理。

二、銷售子系統期末結帳

任務描述

2016年1月31日，良友電子科技有限公司營銷部經理魯良對銷售系統進行期末結帳處理。

工作導向

步驟1：選擇「銷售」|「月末結帳」命令，打開「月末結帳」對話框，如圖5-14所示。

步驟2：單擊「月結檢測」按鈕，系統彈出「月末結帳」提示框，告知「月末結帳必要條件已通過檢測」，如圖5-15所示，單擊「確定」按鈕。

圖5-14　　　　　　　　　　　　圖5-15

步驟3：單擊「月末結帳」按鈕，則「月末結帳」對話框的1月份所在行的是否結帳欄顯示「是」，如圖5-16所示。單擊「退出」按鈕。

图5-16

自主探究

以良友電子科技有限公司營銷部經理魯良的身分對銷售系統進行反結帳處理。

三、庫存子系統期末結帳

任務描述

2016年1月31日，良友電子科技有限公司倉儲部經理張恭對庫存系統進行期末結帳處理。

工作導向

步驟1：選擇「庫存」|「月末結帳」命令，打開「結帳處理」對話框，如圖5-17所示。

步驟2：單擊「結帳」按鈕，則「結帳處理」對話框的1月份所在行的已經結帳欄顯示「是」，如圖5-18所示。單擊「退出」按鈕。

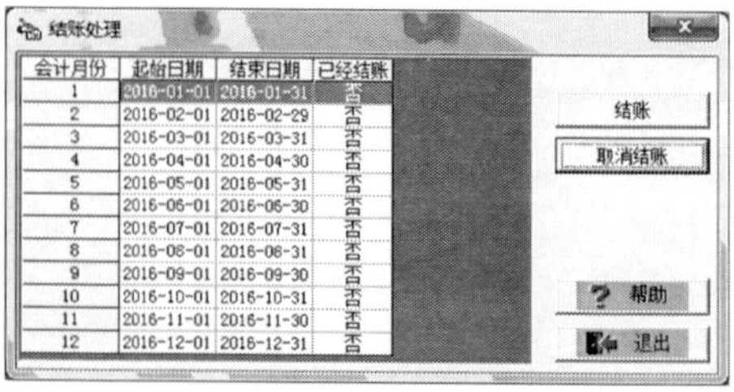

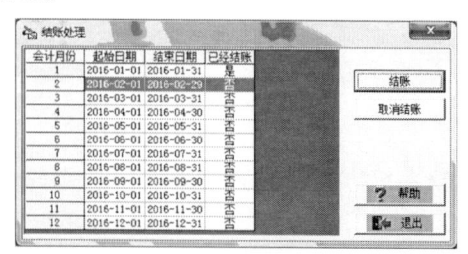

圖5-17　　　　　圖5-18

自主探究

以良友電子科技有限公司倉儲部經理張恭的身分對庫存系統進行反結帳處理。

四、核算子系統期末處理和結帳

(一)核算子系統期末處理

任務描述

2016年1月31日，良友電子科技有限公司會計孟義運用核算系統對倉庫進行期末處理。

工作導向

步驟1：選擇「核算」｜「月末處理」命令，打開「結帳處理」對話框，單擊「全選」按鈕，選中所有倉庫，並選中「結存數量為零金額不為零自動生成出庫調整單」復選框，如圖5-19所示。

步驟2：單擊「確定」按鈕，系統彈出「核算」提示框，詢問「您將對所選倉庫進行期末處理，確認進行嗎？」，如圖5-20所示。

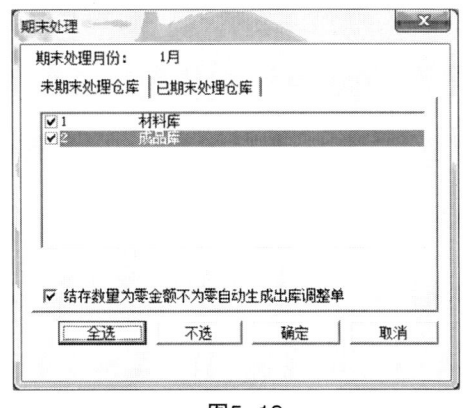

圖5-19　　　　　　　　　　圖5-20

步驟3：單擊「確定」按鈕，系統打開「生成出庫調整單」窗口，單擊「全選」按鈕，選中結存數量為零金額不為零的各種存貨，如圖5-21所示。

步驟4：單擊「確認」按鈕，打開「成本計算表」對話框，如圖5-22所示。

圖5-21

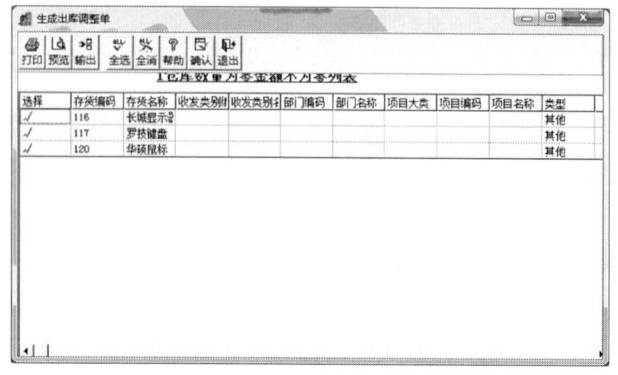

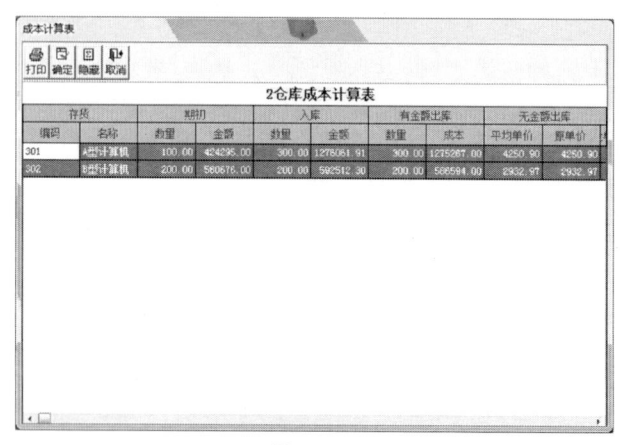

圖5-22

步驟5：單擊「確定」按鈕，系統彈出「核算」提示框，告知「期末處理完畢！」，如圖5-23所示。

圖5-23

自主探究

以良友電子科技有限公司會計孟義的身分運用核算系統取消倉庫的期末處理。

(二)核算子系統期末結帳

任務描述

2016年1月31日,良友電子科技有限公司會計孟義對核算系統進行期末結帳處理。

工作導向

步驟1:選擇「核算」「月末結帳」命令,打開「月末結帳」對話框,如圖5-24所示。

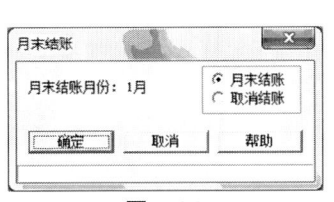

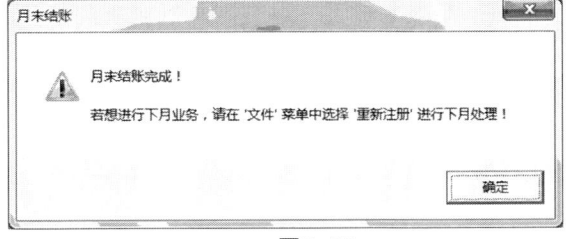

圖5-24

圖5-25

步驟2:選中「月末結帳」單選框,單擊「確定」按鈕,系統彈出「月末結帳」提示框,告知「月末結帳完成」,如圖5-25所示。

自主探究

以良友電子科技有限公司會計孟義的身分對核算系統進行反結帳處理。

任務四　總帳管理系統期末處理

一、總帳管理系統期末對帳

任務描述

2016年1月31日,良友電子科技有限公司會計主管孔禮對總帳系統進行期末對帳處理。

工作導向

步驟1:選擇「總帳」「期末」「對帳」命令,打開「對帳」對話框,如圖5-26所示。

图5-26

步驟2：選中2016.01所在行的「是否對帳」單元格，單擊「選擇」按鈕，激活「對帳」按鈕。

步驟3：單擊「對帳」按鈕，系統進行自動對帳，之後在「對帳」對話框顯示2016.01.31對帳正確，如圖5-27所示。

图5-27

二、總帳管理系統期末結帳

任務描述

2016年1月31日，良友電子科技有限公司會計主管孔禮對總帳系統進行期末結帳處理。

工作導向

步驟1：選擇「總帳」「期末」「結帳」命令，打開「結帳」對話框，如圖5-28所示。

步驟2：單擊「下一步」按鈕，結帳對話框頁面進入第2步，單擊「核對帳簿」按

鈕，系統進行自動對帳，顯示各類帳簿之間對帳結果正確與否，如圖 5-29 所示。

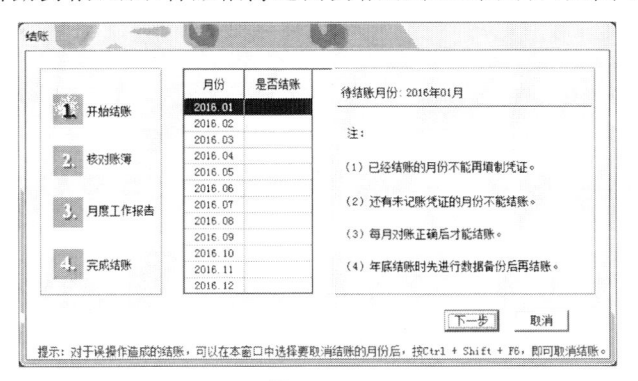

图5-28

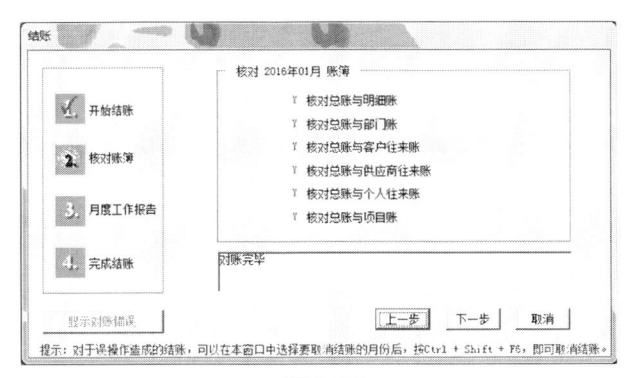

图5-29

步驟 3：單擊「下一步」按鈕，結帳對話框頁面進入第 3 步，顯示 2016 年 01 月工作報告，如圖 5-30 所示。

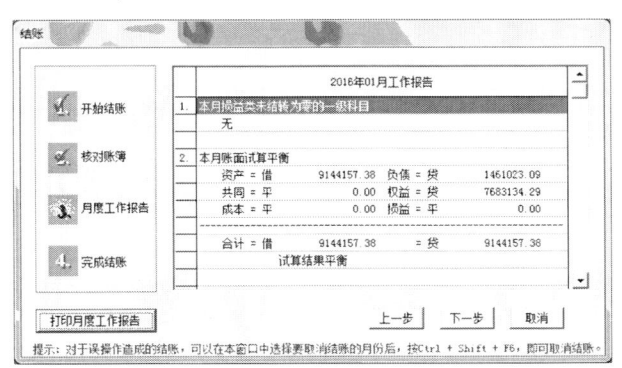

图5-30

步驟 4：單擊「下一步」按鈕，結帳對話框頁面進入第 4 步，顯示 2016 年 01 月工作檢查完成，可以結帳，如圖 5-31 所示。單擊「結帳」按鈕，退出對話框。

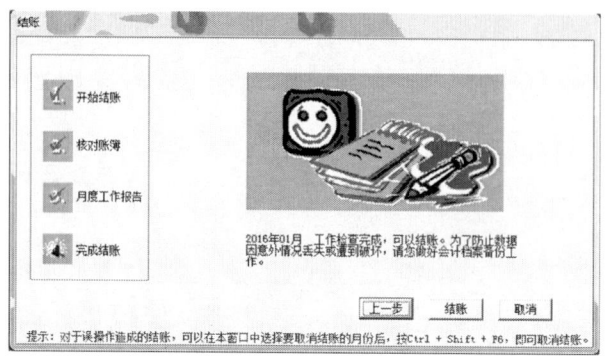

图5-31

步驟5：當再一次選擇「總帳」|「期末」|「結帳」命令時，打開「結帳」對話框，2016年01月是否結帳欄顯示「Y」，如圖5-32所示。

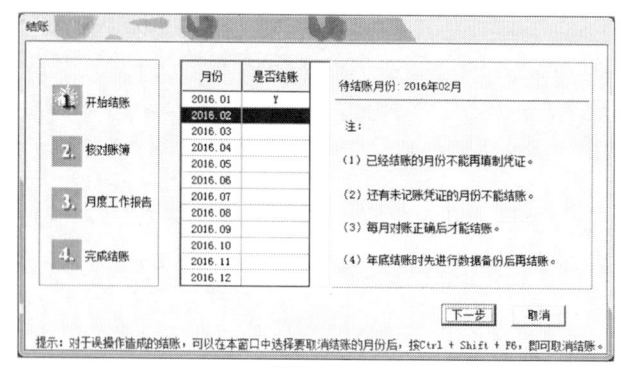

圖5-32

自主探究

以良友電子科技有限公司會計主管孔禮的身分取消總帳系統期末結帳。

項目六　編製會計報表

目標引領

掌握暢捷通 T3 財務報表管理系統下報表格式設置和報表公式定義。

利用暢捷通 T3 的財務報表管理系統提供的報表模板編製資產負債表和利潤表。

情境導入

2016 年 1 月 31 日，良友電子科技有限公司已根據當月發生的各項經濟業務使用暢捷通 T3 完成會計憑證的填製、復核和記帳工作，並對暢捷通 T3 各子系統進行了期末結帳處理。接下來的任務就是由帳套主管完成當月財務報表的編製。

任務一　自定義報表的編製

一、報表格式設計

(一)新建空白報表

任務描述

2016 年 12 月 31 日，良友電子科技有限公司由財務部經理孔禮(ly01)啟用暢捷通 T3 報表管理系統，並新建一張空白報表。

工作導向

步驟1：以孔禮的身分註冊 T3 系統主窗口，單擊導航欄的「財務報表」按鈕，系

統彈出「暢捷通軟件」提示框，告知當前運行的是試用版，如圖6-1所示。

圖6-1

步驟2：單擊「確定」按鈕，系統彈出「日積月累」提示框，如圖6-2所示，單擊「關閉」按鈕。

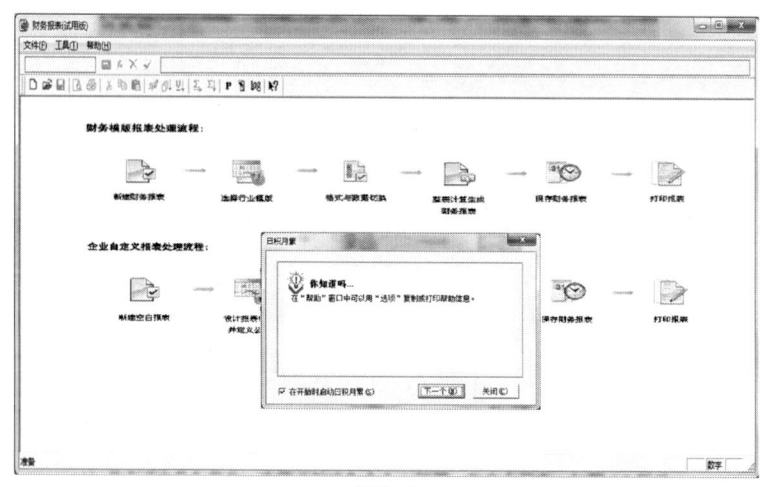

圖6-2

步驟3：選擇「文件」│「新建」命令，打開一張空白報表，如圖6-3所示。

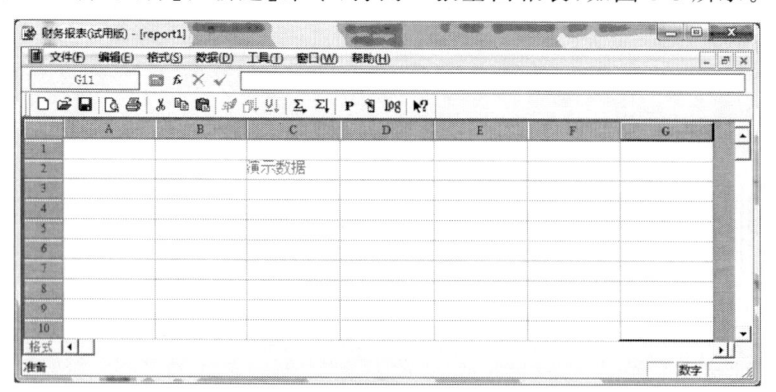

圖6-3

(二)報表基本格式設計

1. 輸入文字內容

任務描述

良友電子科技有限公司的成本報表和資金報表分別見表 6-1 和表 6-2，財務部經理孔禮將將這兩報表的文字內容輸入到帳務報表系統。

表 6-1　成本報表

單位名稱：　　　　　　　　2016 年 1 月　　　　　　　　　　單位:元

項目	期初餘額	本期增加數	本期減少數	期末餘額
直接材料				
直接人工				
直接動力費				
製造費用				
合計				

主管：　　　　　　　　　　製表：

表 6-2　資金報表

單位名稱：　　　　　　　　2016 年 1 月 1 日　　　　　　　　單位:元

項目	期初餘額	期末餘額	增減數
庫存現金			
銀行存款			
其他貨幣資金			
合計			

主管：　　　　　　　　　　製表：

工作導向

步驟1：選中暢捷通 T3 財務報表管理系統的空報表的 A1 單元格，在其中輸入報表名稱「成本報表」。

步驟2：繼續輸入成本報表的其他文字內容。

步驟3：單擊常用工具欄的「保存」按鈕，將「成本報表」保存到 E 盤事先建立的

會計報表文件夾中。

自主探究

以良友電子科技有限公司財務部經理孔禮的身分將資金報表的文字內容輸入到一張空白報表中,並保存到 E 盤的會計報表文件夾中。

2. 設置表尺寸

任務描述

帳務部經理孔禮將新建的「成本報表」設置為 9 行 5 列的表格。

工作導向

步驟 1:打開成本報表,選擇「格式」|「表尺寸」命令,打開「表尺寸」對話框,在行數文本框中輸入「9」,在列數文本框中輸入「5」,如圖 6-4 所示。

步驟 2:單擊「確認」按鈕,空白報表變成 9 行 5 列的表格。

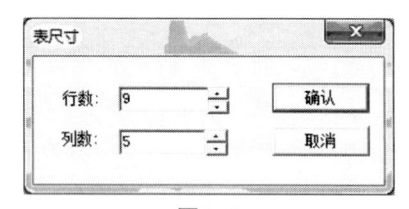

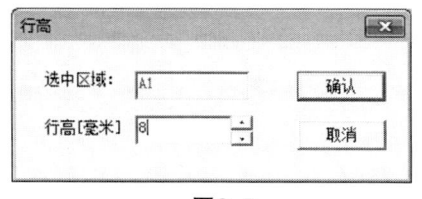

圖6-4   圖6-5

自主探究

以良友電子科技有限公司財務部經理孔禮的身分對資金報表進行合適的表尺寸設置。

3. 設置行高和列寬

任務描述

帳務部經理孔禮將成本報表的第 1 行設置為 8 毫米高,其餘 8 行設置為 6 毫米高,第 A 列設置為 45 毫米寬,其餘四列設置為 25 毫米寬。

工作導向

步驟 1:單擊第 1 行的行標選中第 1 行,或將光標放在第 1 行任意單元格,選擇

「格式」|「行高」命令,打開「行高」對話框,在行高文本框中輸入「8」,如圖6-5所示。

步驟2:單擊「確認」按鈕,則第1行的行高設置為8毫米。

步驟3:用同樣的方法設置其餘的行高和列寬。

自主探究

以良友電子科技有限公司財務部經理孔禮的身分對資金報表的行高和列寬作適當的設置。

4.設置組合單元

任務描述

財務部經理孔禮將資產負債表的第1行的5個單元設置為組合單元,將A3和B3設置為組合單元。

工作導向

步驟1:選中單元A1:E1,選擇「格式」|「組合單元」命令,打開「組合單元」對話框,如圖6-6所示。

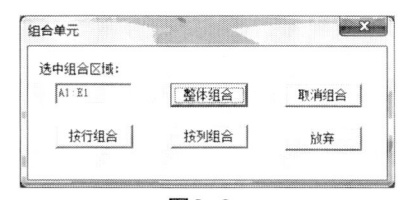

圖6-6

步驟2:單擊「整體組合」按鈕或「按行組合」按鈕,則選中的單元A1:E1被合併。

步驟3:用同樣的方法將A3和B3設置為組合單元。

自主探究

以良友電子科技有限公司財務部經理孔禮的身分對資金報表的相關單元進行組合設置。

5.設置單元屬性

任務描述

財務部經理孔禮將成本報表的單元A1:E1和A3:E3設置為水平居中對齊,

A2 和 A4：A8 以及 B9 和 D9 設置為水平左對齊，A9、C9、E2 和 B4：E8 設置為水平右對齊。將 A1：E1 設置為黑體 18 號字，將 A3：E3 設置為黑體 14 號字，其餘內容全部設置為宋體 12 號字。將 B9、D9 的單元類型設置為字符型。將 A3：E8 設置為有邊框，其餘部分無邊框。所有單元的前景色均為黑色，背景色為無色。

工作導向

步驟 1：選中單元 A1：E1，選擇「格式」|「單元屬性」命令，打開「單元格屬性」對話框，選擇「字體圖案」選項卡，將字體設置為黑體，字號設置為 18 號，如圖 6-7 所示。

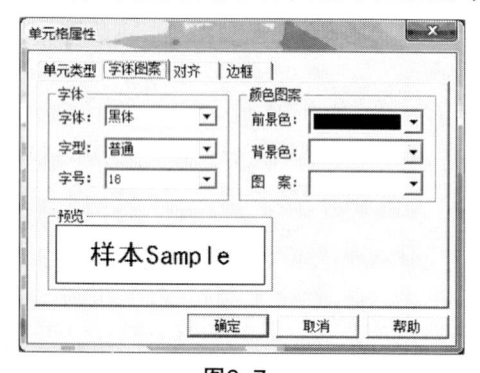

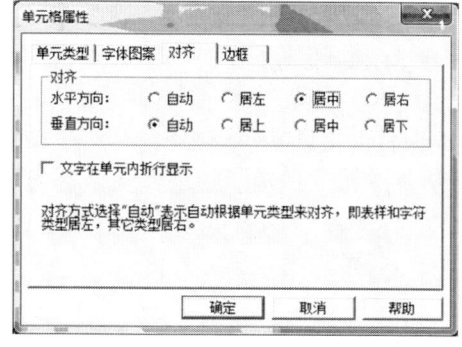

圖 6-7

圖 6-8

步驟 2：選擇「對齊」選項卡，水平方向選擇「居中」，如圖 6-8 所示，單擊「確定」按鈕。

步驟 3：選中 A3：E8 區域，選擇「格式」|「區域畫線」（或「單元屬性」）命令，打開「區域畫線」（或「單元格屬性」）對話框，選擇網線（或「單元屬性」對話框的邊框選項卡，單擊外邊框與內邊框按鈕），如圖 6-9 所示（或如圖 6-10 所示）。

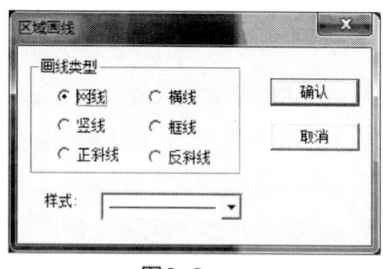

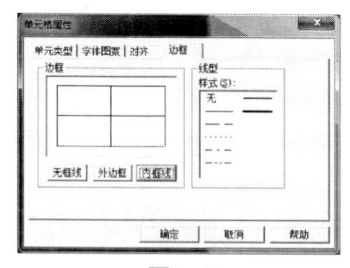

圖 6-9

圖 6-10

步驟 4：用類似的方法完成其他各項設置。

自主探究

以良友電子科技有限公司財務部經理孔禮的身分對資金報表作適當的單元屬

性設置。

6.定義關鍵字

任務描述

財務部經理孔禮將成本報表的 A2:B2 單元設置為關鍵字「單位名稱」,將 C2 設置為關鍵字「年」和「月」,將 D2 設置為關鍵字「日」。

工作導向

步驟 1:選中 A2:B2 單元,選擇「數據」|「關鍵字」|「設置」命令,打開「設置關鍵字」對話框,選中「單位名稱」單選框,如圖 6-11 所示。

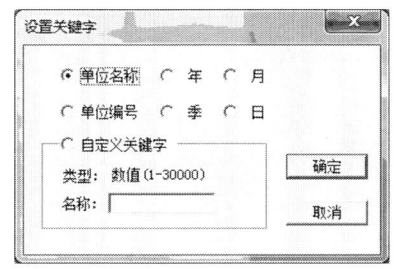

圖 6-11

步驟 2:單擊「確定」,此時成本報表的 A3:B3 單元出現代表單位名稱關鍵字的紅色字體「單位名稱××××××××××××××××××××」。

步驟 3:用同樣的方法完成「年」「月」和「日」等關鍵字的設置。

自主探究

以良友電子科技有限公司財務部經理孔禮的身分將資金報表 A2 單元設置為關鍵字「單位名稱」,B2 單元設置為關鍵字「年」,C2 單元設置為關鍵字「月」和「日」。

二、編輯報表公式

(一)帳務取數公式

任務描述

財務部經理孔禮需要在成本報表的相關單元設置帳務取數單元公式,見表 6-3。

表 6-3　成本報表

單位名稱：　　　　　　　2016 年 1 月　　　　　　　　　　　單位：元

項目	期初餘額	本期增加數	本期減少數	期末餘額
直接材料	B4＝QC（"500101",月,"借",,,""，,,,）	C4＝fs（"500101",月,"借",,,""，,,,）	D4＝fs（"500101",月,"貸",,,""，,,,）	E4＝QM（"500101",月,"借",,,""，,,,）
直接人工	B5＝QC（"500102",月,"借",,,""，,,,）	C5＝fs（"500102",月,"借",,,""，,,,）	D5＝fs（"500102",月,"貸",,,""，,,,）	E5＝QM（"500102",月,"借",,,""，,,,）
直接動力費	B6＝QC（"500103",月,"借",,,""，,,,）	C6＝fs（"500103",月,"借",,,""，,,,）	D6＝fs（"500103",月,"貸",,,""，,,,）	E6＝QM（"500103",月,"借",,,""，,,,）
製造費用	B7＝QC（"500104",月,"借",,,""，,,,）	C7＝fs（"500104",月,"借",,,""，,,,）	D7＝fs（"500104",月,"貸",,,""，,,,）	E7＝QM（"500104",月,"借",,,""，,,,）
合計	B8＝PTOTAL（B4：B7）	C8＝PTOTAL（C4：C7）	D8＝PTOTAL（D4：D7）	E8＝PTOTAL（E4：E7）

主管：　　　　　　　　　製表：

工作導向

步驟1：格式狀態下選中成本報表的 B4 單元，選擇「數據」「編輯公式」「單元公式」命令，打開「定義公式」對話框，如圖 6-12 所示。

圖6-12

步驟2：單擊「函數向導」按鈕，打開「函數向導」對話框，選中函數分類列表的「用友帳務函數」，然後選中「期初（QC）」，如圖 6-13 所示。

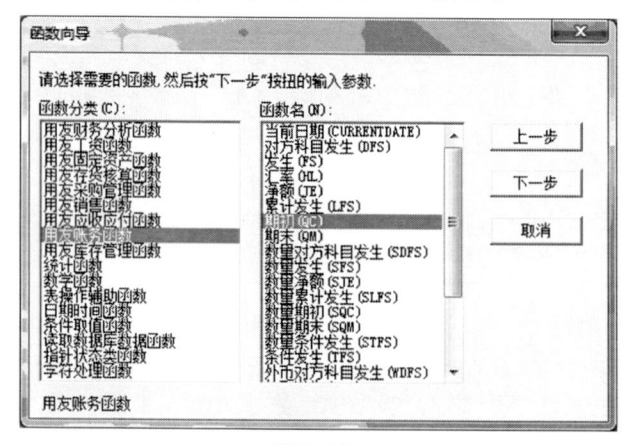

圖6-13

步驟 3：單擊「下一步」，打開「用友帳務函數」對話框，如圖 6-14 所示。單擊「參照」按鈕，打開「帳務函數」對話框，在科目文本框參照輸入庫存現金科目的編碼「500101」，方向按默認，如圖 6-15 所示。

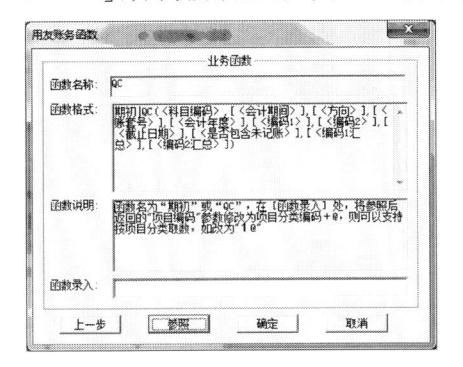

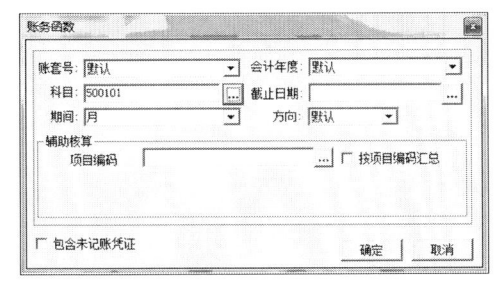

圖6-14　　　　　　　　　　　　圖6-15

步驟 4：單擊「確定」按鈕，對話框返回「用友帳務函數」，單擊「確定」按鈕，對話框返回「定義公式」，如圖 6-16 所示。

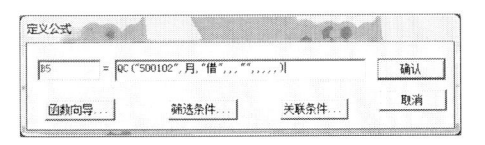

圖6-16　　　　　　　　　　　　圖6-17

步驟 5：單擊「定義公式」對話框的「確認」按鈕。

步驟 6：選中 B4 單元，單擊「複製」按鈕，選中 B5 單元，單擊「粘貼」按鈕，將 B4 單元的公式「QC("500101",月,,,"",,,,,)」複製到 B5 單元。

步驟 7：雙擊 B5 單元，打開「定義公式」對話框，將公式「QC("500101",月,,,"",,,,,)」改為「QC("500102",月,"借",,,"",,,,,)」，如圖 6-17 所示。單擊「確認」按鈕。

步驟 8：根據表 6-3 所列各個單元的帳務取數公式，重複上述步驟，逐一進行設置。

自主探究

以財務部經理孔禮的身分在資金報表相應的單元設置帳務取數公式。

(二) 表頁內取數公式

任務描述

財務部經理孔禮在成本報表的 B8、C8、D8 和 E8 單元設置表頁內取數單元公式

「PTOTAL(B4:B7)」「PTOTAL(C4:C7)」「PTOTAL(D4:D7)」和「PTOTAL(E4:E7)」。

工作導向

步驟1:將光標放在B4單元,按下鼠標左鍵往下拖動到B8單元。

步驟2:單擊常用工具欄的「向下求和」按鈕,這時B8單元生成表頁內取數單元公式「PTOTAL(B4:B7)」。

步驟3:用同樣的方法在C8、D8和E8單元設置表頁內取數公式。

步驟4:對報表進行保存。

自主探究

以財務部經理孔禮的身分在資金報表的B7、C7、D7、E7等單元設置表頁內取數單元公式,並對報表進行保存。

三、自定義報表模板

任務描述

財務部經理孔禮將編輯好的成本報表和資金報表設置為自定義報表模板。

工作導向

步驟1:在財務報表的格式狀態下,選擇「格式」|「自定義模板」命令,打開「自定義模板」對話框,如圖6-18所示。

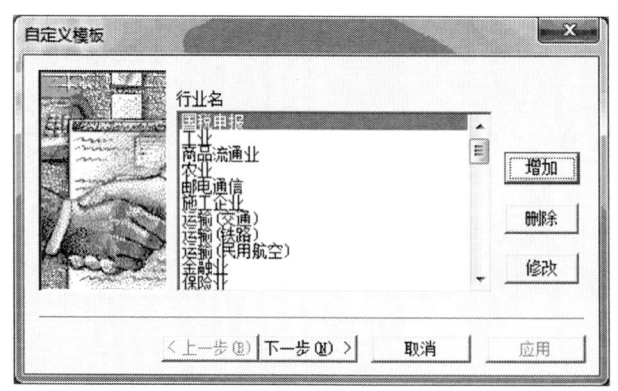

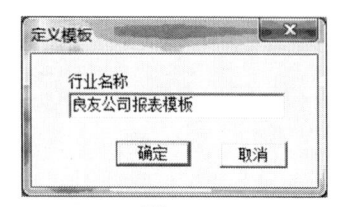

圖6-18

圖6-19

步驟2:單擊「增加」按鈕,打開「定義模板」對話框,在行業名稱文本框中輸入「良友公司報表模板」,如圖6-19所示。

步驟3：單擊「確定」按鈕，此時在「自定義模板」對話框的行業名列表中已出現「良友公司報表模板」行業名稱，如圖6-20所示。

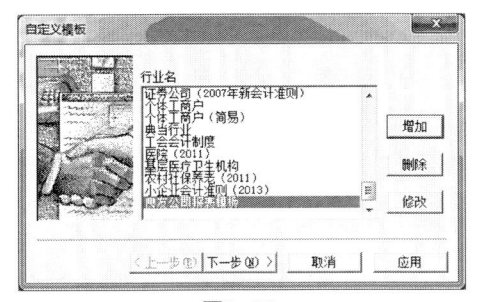

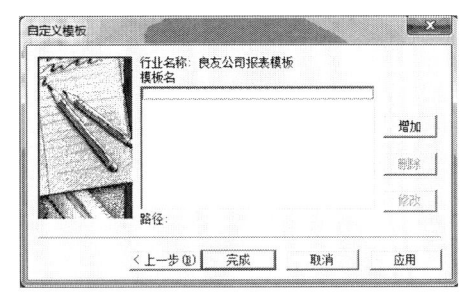

图6-20

图6-21

步驟4：選中「良友公司報表模板」行業名稱，單擊「下一步」按鈕，「自定義模板」對話框呈現如圖6-21所示界面。

步驟5：單擊「增加」按鈕，打開「添加模板」對話框，推動「滾動條」，在「名稱」列表中找到「成本報表」並選中它，則「成本報表」出現在模板名文本框中，如圖6-22所示。

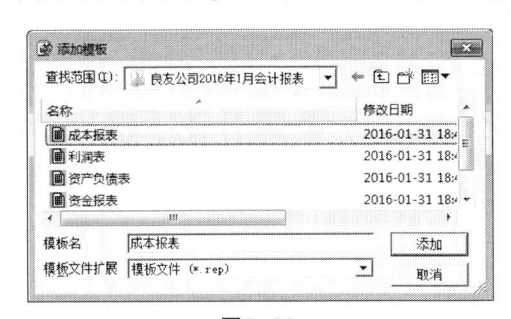

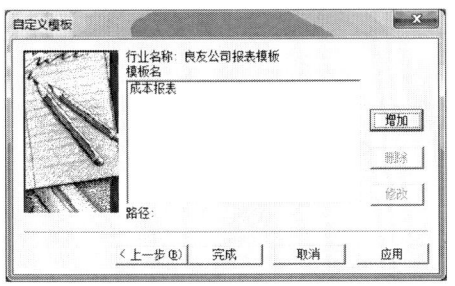

图6-22

图6-23

步驟6：單擊「添加」按鈕，則「成本報表」添加到行業名稱為良友公司報表模板的模板名中，如圖6-23所示。

步驟7：單擊「應用」按鈕，單擊「完成」按鈕退出「自定義模板」對話框。

自主探究

以財務部經理孔禮的身分對資金報表進行自定義報表模板設置。

四、報表生成

任務描述

2016年1月31日，良友電子科技有限公司財務部經理孔禮通過調用之前自定

193

義的報表模板，分別生成當月的成本報表和資金報表。

工作導向

步驟1：選擇「格式」|「報表模板」命令，打開「報表模板」對話框。在「您所在的行業」下拉列表中選擇良友公司報表模板，在「財務報表」下拉列表中選擇成本報表，如圖6-24所示。

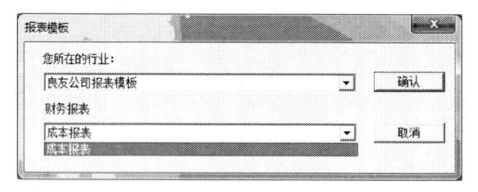

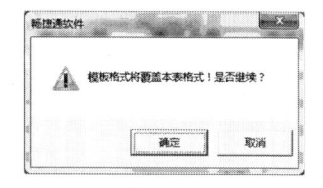

圖6-24

圖6-25

步驟2：單擊「確認」按鈕，系統彈出「暢捷通軟件」提示框，如圖6-25所示。單擊「確定」按鈕，打開「成本報表」，如圖6-26所示。

圖6-26

步驟3：單擊窗口左下角的「格式 數據狀態」切換按鈕，將成本報表切換到數據狀態。

步驟4：選擇「數據」|「關鍵字」|「錄入」命令，打開「錄入關鍵字」對話框，在單位名稱中輸入「良友電子科技有限公司」，年、月分別輸入「2016」和「1」，如圖6-27所示。

步驟5：單擊「確認」按鈕，系統彈出「暢捷通軟件」提示框，詢問「是否重算第1

頁？」，如圖 6-28 所示。

图6-27

图6-28

步驟 6：單擊「是」按鈕，生成成本報表，如圖 6-29 所示。

图6-29

自主探究

以財務部經理孔禮的身分生成當月的資金報表。

任務二　利用模板編製財務報表

任務描述

良友電子科技有限公司財務部經理孔禮通過調用報表模板，分別生成2016年1月31日的資產負債表和2016年1月的利潤表。

工作導向

步驟1：在財務報表管理系統格式狀態下，選擇「格式」|「報表模板」命令，打開「報表模板」對話框，在「您所在的行業」下拉列表中選擇「一般企業（2007年新會計準則）」，在「財務報表」下拉列表中選擇「資產負債表」，如圖6-30所示。

步驟2：單擊「確認」按鈕，系統彈出「暢捷通軟件」提示框，如圖6-31所示。

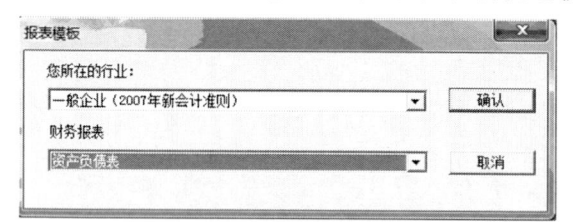

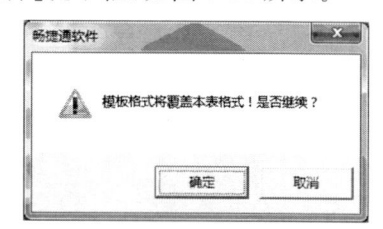

圖6-30　　　　　　　　　　　圖6-31

步驟3：單擊「確定」按鈕，打開系統中的資產負債表模板，如圖6-32所示。

圖6-32

步驟4：選中單元E34，雙擊打開「定義公式」對話框，在公式文本框中的公式

QM("4104",月,,,年,,)之後輸入「＋」號,複製QM("4104",月,,,年,,)並粘貼到「＋」號之後,將QM("4104",月,,,年,,)中科目編碼改為4103,如圖6-33所示。單擊「確認」按鈕。用同樣的方法將單元F34中的公式修改為QC("4104",全年,,,年,,)＋QC("4103",全年,,,年,,)。

圖6-33

步驟5:將報表切換到數據狀態,系統彈出「暢捷通軟件」提示框,如圖6-34所示。

步驟6:單擊「是」按鈕,報表切換到數據狀態。選擇「數據」|「關鍵字」|「錄入」命令,打開「錄入關鍵字」對話框,錄入關鍵字信息,如圖6-35所示。

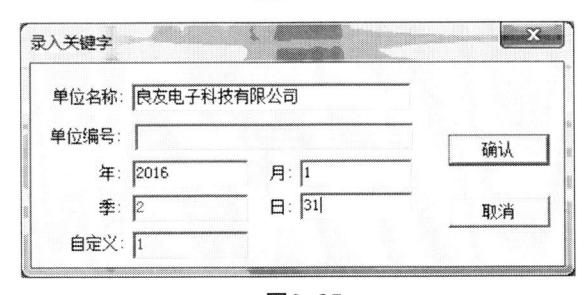

圖6-34

圖6-35

步驟7:單擊「確認」按鈕,系統彈出「暢捷通軟件」提示框,單擊「是」按鈕,生成資產負債表,如圖6-36所示。

図6-36

自主探究

以良友電子科技有限公司財務部經理孔禮的身分調用利潤表模板，生成2016年1月的利潤表。

附　　錄

案例經濟業務

　　1.1月4日,企管部華強用現金購置辦公用品一批,價款951.00元,取得普通發票。辦公用品當日發放各有關部門,見附表1-1、1-2。

附表1-1

```
鄭州智卓2015年4月印1000卷（2×50）*號碼起迄
河南省國家稅務局通用機打發票
發票聯
發票代碼 141001230042
發票號碼 01975753
付款單位：良友電子科技有限公司
機打代碼：141001230042  機打號碼：01975753
開票日期：2016-1-4    行業分類：零售業
貨物或勞務名稱  單位  單價   數量  金額
計算器          個    135.00  1    135.00
筆記本          本    5.00   80    400.00
簽字筆          支    2.00  160    320.00
稿紙            本    2.00   48     96.00
合計：￥951.00
合計人民幣（大寫）：玖佰伍拾壹元整
收款單位名稱：鄭州市喜盈門商業有限公司
收款單位識別號：412801740723028
開票人：李明明
```

附表1-2

辦公用品領用表

2016年01月04日　　　　　　　　　　　　　　　　　　　單位：元

領用部門	領發物品及數量				金額
	計算器	筆記本	簽字筆	稿紙	
企管部		10	20	6	102.00
財務部	1	10	20	6	237.00
人事部		10	20	6	102.00
資產部		10	20	6	102.00
供應部		10	20	6	102.00
營銷部		10	20	6	102.00
倉儲部		10	20	6	102.00
車間辦		10	20	6	102.00
合計	1	80	160	48	￥951.00

審核：孔禮　　　　　　　　　　　製表：華強

2.1月4日，上月30日從北京富康所購買的主板增值稅專用發票和運費增值稅專用發票已到，其中銘瑄主板100個，單價400元；技嘉主板100個，單價605元，價稅款合計117,585元，現金折扣條件是「3/5,2/30,1/45」，運費為110元，運費的增值稅抵扣率為11％。見附表2-1至2-4。

附表2-1

北京增值稅专用发票　№0279941
抵 扣 联

开票日期：2015年12月30日

校验码 54896 35987 46136 98713

购买方	名　　　称：	良友电子科技有限公司				密码区	85>7÷00>357>361>09*<64÷210 02/57*039>00÷ >09 6*0002/57*039>00÷781*741-902/57*03*09*281*7 <<951÷÷258*089/456÷247/160÷123/10÷1÷2-247/ 102/57*039>00÷123/147**09÷2-359/56÷24647*8	加密版本：01 3200071712 04343224
	纳税人识别号：	00062031678385						
	地　址、电话：	郑州经济技术开发区第九大街936号						
	开户行及账号：	中行郑开支行 69062317980369014725753						

货物或应税劳务、服务名称	规格型号	单位	数量	单价	金额	税率	税额
铭瑄主板		个	100	400.00	40000.00	17％	6800.00
技嘉主板		个	100	605.00	60500.00	17％	10285.00
合　　计					￥100500.00		￥17085.00

价税合计（大写）	◎壹拾壹万柒仟伍佰捌拾伍元整	（小写）￥117585.00

销售方	名　　　称：	北京富康计算机配件经销公司	备注
	纳税人识别号：	10014567890123	
	地　址、电话：	北京市海淀区光明南路29号	
	开户行及账号：	农行西单支行 5555555555555	

收款人：赵家栋　　复核：　　开票人：张中民　　销售方：（章）

附表2-2

北京增值稅专用发票　№0279941
发 票 联

开票日期：2015年12月30日

校验码 54896 35987 46136 98713

购买方	名　　　称：	良友电子科技有限公司				密码区	85>7÷00>357>361>09*<64÷210 02/57*039>00÷ >09 6*0002/57*039>00÷781*741-902/57*03*09*281*7 <<951÷÷258*089/456÷247/160÷123/10÷1÷2-247/ 102/57*039>00÷123/147**09÷2-359/56÷24647*8	加密版本：01 3200071712 04343224
	纳税人识别号：	00062031678385						
	地　址、电话：	郑州经济技术开发区第九大街936号						
	开户行及账号：	中行郑开支行 69062317980369014725753						

货物或应税劳务、服务名称	规格型号	单位	数量	单价	金额	税率	税额
铭瑄主板		个	100	400.00	40000.00	17％	6800.00
技嘉主板		个	100	605.00	60500.00	17％	10285.00
合　　计					￥100500.00		￥17085.00

价税合计（大写）	◎壹拾壹万柒仟伍佰捌拾伍元整	（小写）￥117585.00

销售方	名　　　称：	北京富康计算机配件经销公司	备注
	纳税人识别号：	10014567890123	
	地　址、电话：	北京市海淀区光明南路29号	
	开户行及账号：	农行西单支行 5555555555555	

收款人：赵家栋　　复核：　　开票人：张中民　　销货单位：（章）

附录

附表 2-3

货物运输业增值税专用发票
抵扣联

3100114760　　　　　　　　　　　　　　　　　No 87654322

开票日期：2015 年 12 月 30 日

承运人及纳税人识别号	通达物流有限责任公司 07838006203165	密码区	09-902/57*03*09+28-902/57*03*0+286*0002/57*039>00+781*741- <951++258**089/456+247/160+123/10+357>361>09*<62/57*039> 096*0002/57*039>00+781*741-902/57*03*09+281*7<<951++258*		
实际受票方及纳税人识别号	良友电子科技有限公司 00062031678385				
收货人及纳税人识别号	良友电子科技有限公司 00062031678385	发货人及纳税人识别号	北京富康计算机配件经销公司 10014567890123		
起运地、经由、到达地	北京市经由京港澳高速到达郑州市				
费用项目及金额	运费	货物运费	¥110.00	运输货物信息	
金额合计	¥110.00	税率	11%	税额 ¥12.10	机器编号 JYZ0123456
价税合计（大写）	壹佰贰拾贰元壹角整				（小写）¥122.10
车种车号	京A100214	车船吨位	5吨	备注	
主管税务机关及代码	北京市海淀区国税代码 82573405				

收款人：　　　复核人：　　　开票人：　　　承运人：（章）

第二联：抵扣联　受票方扣税凭证

附表 2-4

货物运输业增值税专用发票
发票联

3100114760　　　　　　　　　　　　　　　　　No 87654322

开票日期：2015 年 12 月 30 日

承运人及纳税人识别号	通达物流有限责任公司 07838006203165	密码区	09-902/57*03*09+28-902/57*03*0+286*0002/57*039>00+781*741- <951++258**089/456+247/160+123/10+357>361>09*<62/57*039> 096*0002/57*039>00+781*741-902/57*03*09+281*7<<951++258*		
实际受票方及纳税人识别号	良友电子科技有限公司 00062031678385				
收货人及纳税人识别号	良友电子科技有限公司 00062031678385	发货人及纳税人识别号	北京富康计算机配件经销公司 10014567890123		
起运地、经由、到达地	北京市经由京港澳高速到达郑州市				
费用项目及金额	运费	货物运费	¥110.00	运输货物信息	
金额合计	¥110.00	税率	11%	税额 ¥12.10	机器编号 JYZ0123456
价税合计（大写）	壹佰贰拾贰元壹角整				（小写）¥122.10
车种车号	京A100214	车船吨位	5吨	备注	
主管税务机关及代码	北京市海淀区国税代码 82573405				

收款人：　　　复核人：　　　开票人：　　　承运人：（章）

第三联：发票联　受票方记账凭证

3.1月5日，上月29日所購開封龍亭包裝彩印有限公司 A 型機包裝箱和 B 型機包裝箱已到貨，驗收入材料庫，見附表3。

附表3

收 料 單

2016 年 1 月 5 日

供應單位:開封龍亭包裝彩印有限公司　　　　　　　　　材料類別:包裝箱
發票號碼:78151229　　　　　　　　　　　　　　　　　倉庫:材料庫
　　　　　　　　　　　　　　　　　　　　　　　　　　材料科目:週轉材料

材料編號	材料名稱	規格	計量單位	數量應收	數量實收	實際成本單價	實際成本金額	實際成本運雜費	實際成本其他	實際成本合計
201	A 型機包裝箱		套	300	300	9.00	2700.00			2700.00
202	B 型機包裝箱		套	300	300	8.00	2400.00			2400.00
合計							5100.00			5100.00

第三聯 記帳聯

倉庫主管:張恭　　驗收:曾檢　　記帳:　　交料人:劉謙　　製單:曾檢　　倉庫(蓋章)

4.1月5日，營銷部魯良與鄭州冠邦電腦科技公司簽訂銷貨合同一份，向該公司銷售 A 型計算機300臺，單價6,000元，價稅款總金額2,106,000.00元，約定於1月10日前向對方交貨，付款折扣條件是「2/5,1.5/20,1/35」，見附表4。

附表4

購銷合同

購貨方:鄭州冠邦電腦科技公司
供貨方:良友電子科技有限公司

雙方依據《中華人民共和國合同法》及有關法規，經協商一致簽訂本合同。

一、訂購商品:

商品編號	商品名稱	規格	單位	數量	單價	金額(元)	稅率	稅額(元)	價稅款合計(元)
301	A 型計算機	LY50－90A	臺	300	6000.00元	1800000.00	17%	306000.00	2106000.00
合計	人民幣(大寫)⊗貳佰壹拾萬零陸仟元整					(小寫) ¥2106000.00			

二、保修服務:按原廠保修條例保修。

三、結算方式及期限:轉帳支票，提貨付款。付款折扣條件是「2/5,1.5/20,1/35」。

四、收貨地址:鄭州市農業東路126號　鄭州冠邦電腦科技公司

五、運輸方式:買方自行提貨，自行運輸。

續 表

六、產品的交貨期:2016 年 1 月 10 日前。

七、本合同如需變更或解除,須經合同雙方協商簽定書面協議,並不得損害國家利益,否則視為違約。

八、違約責任:一方違約,按價稅款總金額的 5% 向對方支付違約金,並且視給對方造成的損害,依照《中華人民共和國合同法》及有關法規的規定承擔賠償責任。

九、不可抗力:由於不可抗力的原因不能履行合同時,依照《中華人民共和國合同法》及相關法律法規的規定處理。

十、爭議處理:執行本合同發生爭議時,雙方應及時協商解決,協商不成,該爭議由鄭州市仲裁委員會仲裁,仲裁裁決是終局的,對雙方具有同等約束力。

十一、本合同一式兩份,購貨方和供貨方各一份,本合同傳真件同樣具有法律效力。

購貨方:鄭州冠邦電腦科技公司 (蓋章) 2016 年 1 月 5 日	供貨方:良友電子科技有限公司 (蓋章) 2016 年 1 月 5 日
經手人(簽字)李萬枝	經手人(簽字)魯良
電話:0371－1234566	電話:0371－9998886
傳真:0371－1234566	傳真:0371－9998886
開戶銀行:中國農業銀行龍子湖支行	開戶銀行:中行鄭開支行
帳號:111111111111	帳號:6906231798036901472753
單位地址:鄭州市農業東路 126 號	單位地址:鄭州經濟技術開發區第九大街 936 號

5.1 月 6 日,供應部劉謙與鄭州德勤電子有限公司簽訂購貨合同,從該公司購進材料一批,所購材料驗收入庫,專用發票隨貨同行,貨款當即開出轉帳支票支付,見附表 5-1 至 5-5。

附表 5-1

購銷合同

購貨方:良友電子科技有限公司
供貨方:鄭州德勤電子有限公司
雙方依據《中華人民共和國合同法》及有關法規,經協商一致簽訂本合同。
一、訂購商品:

材料編號	商品名稱	規格	單位	數量	單價	金額(元)	稅率	稅額(元)	價稅款合計(元)
115	三星顯示器	S22E390H 1.5	個	300	605.00	181500.00	17%	30855.00	212355.00
118	雷柏鍵盤	V500	個	300	130.00	39000.00	17%	6630.00	45630.00
119	羅技鼠標	M100r	個	300	50.00	15000.00	17%	2550.00	17550.00
合計	人民幣(大寫)⊗貳拾柒萬伍仟伍佰叁拾伍元整					(小寫) ￥275535.00			

續　表

二、保修服務:按原廠保修條例保修。

三、結算方式及期限:轉帳支票,提貨付款。

四、收貨地址:鄭州經濟技術開發區第九大街 936 號　良友電子科技有限公司

五、運輸方式:賣方負責運輸,送貨到買方公司指定倉庫。

六、產品的交貨期:2016 年 1 月 7 日前。

七、本合同如需變更或解除,須經合同雙方協商簽定書面協議,並且不得損害國家利益,否則視同違約。

八、違約責任:一方違約,按價稅款總金額的 5% 向對方支付違約金,並且視給對方造成的損害,依照《中華人民共和國合同法》及有關法規的規定承擔賠償責任。

九、不可抗力:由於不可抗力的原因不能履行合同時,依照《中華人民共和國合同法》及相關法律法規的規定處理。

十、爭議處理:執行本合同發生爭議時,雙方應及時協商解決,協商不成,該爭議由鄭州市仲裁委員會仲裁,仲裁裁決是終局的,對雙方具有同等約束力。

十一、本合同一式兩份,購貨方、供貨方各一份,本合同傳真件同樣具有法律效力。

購貨方:良友電子科技有限公司 （蓋章） 2016 年 1 月 6 日	供貨方:鄭州德勤電子有限公司 （蓋章） 2016 年 1 月 6 日
經手人(簽字)劉謙	經手人(簽字)王友良
電話:0371－9998886	電話:0371－5661234
傳真:0371－9998886	電話:0371－5661234
開戶銀行:中行鄭開支行	開戶銀行:建行伏牛支行
帳號:6906231798036901472753	帳號:444444444444
單位地址:鄭州經濟技術開發區第九大街 936 號	單位地址:鄭州市伏牛路 346 號

附表 5-2

收　料　單

2016 年 1 月 6 日

材料類別:原材料

供應單位:鄭州德勤電子有限公司　　　　　　　　　　　倉庫:材料庫

發票號碼:0279951　　　　　　　　　　　　　　　　　材料科目:原材料

材料編號	材料名稱	規格	計量單位	數量 應收	數量 實收	實際成本(元) 單價	實際成本(元) 金額	實際成本(元) 運雜費	實際成本(元) 其他	實際成本(元) 合計
115	三星顯示器	S22E390H1.5	個	300	300	605.00	181500.00			181500.00
118	雷柏鍵盤	V500	個	300	300	130.00	39000.00			39000.00
119	羅技鼠標	M100r	個	300	300	50.00	15000.00			15000.00
合計							235500.00			235500.00

第三聯　記帳聯

倉庫主管:張恭　　驗收:曾檢　　記帳:　　交料人:劉謙　　製單:曾檢　　倉庫(蓋章)

附表 5-3

河南增值税专用发票 No0279951

抵 扣 联　　开票日期：2016 年 01 月 06 日

校验码 54896 35987 46136 98714

| 购买方 | 名　称：良友电子科技有限公司
纳税人识别号：00062031678385
地　址、电话：郑州经济技术开发区第九大街936号
开户行及账号：中行郑开支行69062317980369014725 | 密码区 | 85>7+00>357>361>09*<64*210.02/57*039>00+ >09
6*0002/57*039>00+781*741-902/57*03*09*281*7
<<951++258**089/456-247/160+123/10+1+2-247>
102/57*039>00-123/147***09-2-359/56-24647*8 | 加密版本：01
3200071712
04343224 |

货物或应税劳务、服务名称	规格型号	单位	数量	单价	金额	税率	税额
三星显示器	S22E390H 1.5	个	300	605.00	181500.00	17%	30855.00
雷柏键盘	V500	个	300	130.00	39000.00	17%	6630.00
罗技鼠标	M100r	个	300	50.00	15000.00	17%	2550.00
合　　计					￥235500.00		￥40035.00

价税合计（大写）　◎贰拾柒万伍仟伍佰叁拾伍元整　（小写）￥275535.00

| 销售方 | 名　称：郑州德勤电子有限公司
纳税人识别号：41013456789012
地　址、电话：郑州市伏牛路346号 0371-5661234
开户行及账号：建行伏牛支行444444444444 | 备注 | |

收款人：刘伟　　复核：　　开票人：王友良　　销售方：（章）

第二联 抵扣联 购买方扣税凭证

附表 5-4

河南增值税专用发票 No0279951

发 票 联　　开票日期：2016 年 01 月 06 日

校验码 54896 35987 46136 98714

| 购买方 | 名　称：良友电子科技有限公司
纳税人识别号：00062031678385
地　址、电话：郑州经济技术开发区第九大街936号
开户行及账号：中行郑开支行69062317980369014725 | 密码区 | 85>7+00>357>361>09*<64*210.02/57*039>00+ >09
6*0002/57*039>00+781*741-902/57*03*09*281*7
<<951++258**089/456-247/160+123/10+1+2-247>
102/57*039>00-123/147***09-2-359/56-24647*8 | 加密版本：01
3200071712
04343224 |

货物或应税劳务、服务名称	规格型号	单位	数量	单价	金额	税率	税额
三星显示器	S22E390H 1.5	个	300	605.00	181500.00	17%	30855.00
雷柏键盘	V500	个	300	130.00	39000.00	17%	6630.00
罗技鼠标	M100r	个	300	50.00	15000.00	17%	2550.00
合　　计					￥235500.00		￥40035.00

价税合计（大写）　◎贰拾柒万伍仟伍佰叁拾伍元整　（小写）￥275535.00

| 销售方 | 名　称：郑州德勤电子有限公司
纳税人识别号：41013456789012
地　址、电话：郑州市伏牛路346号 0371-5661234
开户行及账号：建行伏牛支行444444444444 | 备注 | |

收款人：刘伟　　复核：　　开票人：王友良　　销售方：（章）

第三联 发票联 购买方记账凭证

附表 5-5

```
         中國銀行
      轉帳支票存根(豫)
         10404122
         01601061
   附加信息 _____
   _____
   _____
   出票日期 2016 年 01 月 06 日
   收款人：鄭州德勤電子有限公司
   金    額：￥275535.00
   用    途：支付貨款
```

6. 1月7日，基本車間領料，按訂單生產加工 A 型計算機，見附表 6。

附表 6

領　料　單

2016 年 1 月 7 日

領料部門：基本車間　　用途：生產 A 型計算機　　　　　編號：001

材料編號	材料名稱	規格	計量單位	數量 請領	數量 實發	單價（元）	金額（元）
102	INTEL－CPU	Core i5,4590	個	300.00	300.00	950.00	285000.00
104	技嘉主板	GA－MA770T－UD3P	個	300.00	300.00	607.87	182361.00
105	威剛內存	2GB DDR3,1333	個	300.00	300.00	345.00	103500.00
108	雙敏顯卡	HD5750 DDR5	個	300.00	300.00	599.00	179700.00
109	希捷硬盤 1	1TB SATA2,32M	個	300.00	300.00	555.00	166500.00
111	康舒電源	P－430	個	300.00	300.00	209.00	62700.00
114	撒哈拉機箱	GL6 經典版	個	300.00	300.00	135.00	40500.00
115	三星顯示器	S22E390H1.5	個	300.00	300.00	605.00	181500.00
118	雷柏鍵盤	V500	個	300.00	300.00	130.00	39000.00
119	羅技鼠標	M100r	個	300.00	300.00	50.00	15000.00
201	A 型機包裝箱		套	300.00	300.00	9.00	2700.00
備註：						金額合計	1258461.00

倉庫主管：張恭　　發料：曾檢　　記帳：　　交料人：顏讓　　製單：曾檢　　倉庫（蓋章）

第三聯　記帳聯

7.1月10日,A型計算機完工並驗收入庫,見附表7。

附表7

產 品 入 庫 單

2016 年 1 月 10 日

交庫單位:基本生產車間　　　　　　　　　　　　　　　倉庫:成品庫

產品編碼	產品名稱	規格	計量單位	交庫數量	備註
301	A型計算機	LY50－90A	臺	300	

第三聯 記帳聯

車間負責人:顏讓　　質檢:　　倉庫主管:張恭　　倉庫管理員:曾檢　　製單:曾檢

8.1月10日,向鄭州冠邦電腦科技公司發出A型計算機300臺,開出專用發票,貨款收到並已存入銀行,見附表8-1至8-4。

附表8-1

產 品 發 貨 單

2016 年 1 月 10 日

購貨單位:鄭州冠邦電腦科技公司　　　　　　　　　　　編號:001

產品編碼	產品名稱	規格	計量單位	發出數量	單價	備註
301	A型計算機	LY50－90A	臺	300	6000.00	

主管:　　　會計:　　　保管員:曾檢　　經辦人:魯良　　製單:曾檢

附表 8-2

河南增值税专用发票　　№0279951
此联不作报销、扣税凭证使用

校验码 54896 35987 46136 98714　　开票日期：2016 年 1 月 10 日

购买方	名　称：	郑州冠邦电脑科技公司	密码区	85*7*00>357>361>09*<64*210 02/57*039>00* >09	加密版本：01
	纳税人识别号：	41010123456789		6*0002/57*039>00*+781*741*902/57*03*09*281*7	3200071712
	地　址、电　话：	郑州市农业东路 126 号		<<*951*+258**089/456+247/160+123/10+1+2-247/	04343224
	开户行及账号：	中国农业银行龙子湖支行 111111111111		102/57*039>00+123/147**09+2-359/56+24647*8	

货物或应税劳务、服务名称	规格型号	单位	数量	单价	金额	税率	税额
A型计算机	LY50-90A	台	300	6000.00	1800000.00	17%	306000.00
合　　计					￥1800000.00		￥306000.00

价税合计（大写）　◎贰佰壹拾万零陆仟元整　　（小写）￥2106000.00

销售方	名　称：	良友电子科技有限公司	备注
	纳税人识别号：	00062031678385	
	地　址、电　话：	郑州经济技术开发区第九大街 936 号	
	开户行及账号：	中行郑开支行 69062317980369014727753	

收款人：李仁　　复核：　　开票人：鲁良　　销售方：（章）

附表 8-3

中國農業銀行　轉帳支票（豫）
10404122
01601101

付款日期自出票之日起十天

出票日期（大寫）貳零壹陸年零壹月零壹拾日　　付款行名稱：中國農業銀行龍子湖支行
收款人：良友電子科技有限公司　　出票人帳號：111111111111

人民幣（大寫）	貳佰壹拾萬零陸仟元整	億	千	百	十	萬	千	百	十	元	角	分
			￥	2	1	0	6	0	0	0	0	0

用途：支付貨款
上列款項請從
我帳戶內支付
出票人簽章

密碼：＿＿＿＿＿

　　　　　復核　　　　　記帳

附表 8-4

中　國　銀　行 進帳單（收帳通知）　　3
2016 年 1 月 10 日

出票人	全　　稱	鄭州冠邦電腦科技公司	收款人	全　　稱	良友電子科技有限公司
	帳　　號	111111111111		帳　　號	6906231798036901472753
	開戶銀行	中國農業銀行龍子湖支行		開戶銀行	中國銀行鄭開支行

金額	人民幣（大寫）	貳佰壹拾萬零陸仟元整	億	千	百	十	萬	千	百	十	元	角	分
				¥	2	1	0	6	0	0	0	0	0

票據種類	轉支	票據張數	1 張	收款人開戶銀行簽章
票據號碼		1040412201601101		
	復核		記帳	

9. 1 月 10 日，繳納上月增值稅，見附表 9-1、9-2。

附表 9-1

```
              中　國　銀　行
              BANK  OF  CHINA 業務回單（付款）
              入帳日期：2016－01－10      回單編號：2016011011
付款人戶名：良友電子科技有限公司
付款人帳號：6906231798036901472753
付款人開戶行：中國銀行鄭開支行
收款人戶名：鄭東新區國家稅務局
收款行帳號：311000026221000
收款人開戶行：建行鄭州經三路支行
幣種：人民幣（本位幣）
金額（大寫）：貳萬捌仟捌佰玖拾元零柒角捌分      金額（小寫）：¥28890.78
憑證種類：0              憑證號碼：
業務（產品）種類：跨行發報    摘要：增值稅    渠道：網上銀行
交易機構號：0000000010   記帳櫃員：01   交易代碼：12345   用途：
附言：支付交易序號：12345900   報文種類：CMT100 匯兌支付報文   委託日期：2016－01－10
業務種類：普通匯兌   收款人地址：中國建設銀行經三路支行
付款人地址：中國銀行鄭開支行
指令編號：HQP000000123   提交人：jtjb.c.1704   最終授權人：jtfh.c.17
```

附表 9-2

中國銀行電子繳稅付款憑證

轉帳日期:2016年1月10日　　　　　　憑證字號:47718714201601101

納稅人全稱及納稅人識別號:良友電子科技有限公司 00062031678385
付款人全稱:良友電子科技有限公司
付款人帳號:6906231798036901472753　　徵收機關名稱:鄭東新區國家稅務局
付款人開戶銀行:中行鄭開支行　　　　收款國庫(銀行)名稱:國稅直屬支庫
小寫(合計)金額:￥28890.78　　　　　繳款書交易流水號:2016011013550585
大寫(合計)金額:人民幣貳萬捌仟捌佰玖拾元零柒角捌分　稅票號碼:001192097
稅(費)種名稱　　　　所屬時期　　　　　　實繳金額
增值稅　　　　20151201－20151231　　　￥28890.78
第2次打印　　　　　　　　　　　打印時間:2016年01月10日11時10分

第二聯　　作付款回單(無銀行收訖章無效)　　復核　　記帳　　櫃員號 25

　10.1月10日,繳納上月城市維護建設稅、教育費附加、地方教育費附加,見附表10-1、10-2。

附表 10-1

中　國　銀　行　業務回單(付款) 　　　　　　　BANK OF CHINA
入帳日期:2016－01－10　　回單編號:2016011012
付款人戶名:良友電子科技有限公司
付款人帳號:6906231798036901472753
付款人開戶行:中行鄭開支行
收款人戶名:鄭東新區地方稅務局
收款行帳號:622100031100002
收款人開戶行:建行鄭州經三路支行
幣種:人民幣(本位幣)
金額(大寫):叁仟肆佰陸拾陸元玖角整　　　　金額(小寫):￥3466.90
憑證種類:0　　　　　　　　　憑證號碼:
業務(產品)種類:跨行發報　　摘要:城市維護建設稅、教育費附加、地方教育費附加
渠道:網上銀行
交易機構號:0000000010　　記帳櫃員:01　交易代碼:12345　　用途:
附言:支付交易序號:12345900　　報文種類:CMT100 匯兌支付報文　委託日期:2016－01－10
業務種類:普通匯兌　收款人地址:中國建設銀行經三路支行　付款人地址:中國銀行鄭開支行
指令編號:HQP000000123　　提交人:jtjb.c.1704　　最終授權人:jtfh.c.17

附表 10-2

中國銀行電子繳稅付款憑證

轉帳日期:2016 年 01 月 10 日　　　　　憑證字號:47718714201601102

納稅人全稱及納稅人識別號:良友電子科技有限公司 69062317980369014 72753	

付款人全稱:良友電子科技有限公司

付款人帳號:69062317980369014 72753　　徵收機關名稱:鄭東新區地方稅務局

付款人開戶銀行:中行鄭開支行　　　　收款國庫(銀行)名稱:地稅直屬支庫

小寫(合計)金額:￥3466.90　　繳款書交易流水號:2016011013550585

大寫(合計)金額:人民幣叁仟肆佰陸拾陸元玖角整　　稅票號碼:001192098

稅(費)種名稱	所屬時期	實繳金額
城市維護建設稅	20151201－20151231	￥2022.36
教育費附加	20151201－20151231	￥866.72
地方教育費附加	20151201－20151231	￥577.82

第 2 次打印　　　　　　　　　　　　打印時間:2016 年 01 月 10 日 11 時 10 分

第二聯　　作付款回單(無銀行收訖章無效)　　復核　　記帳　　櫃員號25

11. 1月11日,發放上月工資(付字5號),並從上月工資中代扣個人所得稅、養老保險、醫療保險、失業保險及住房公積金,見附表11-1、11-2。

附表 11-1

良友電子科技有限公司工資發放表

工資所屬週期:2015 年 12 月　　　　　　　　　　　　　　　　　　　單位:元

序號	職員編號	職員姓名	所屬部門	銀行卡號	應付工資	基本養老保險 8%	醫療保險 2%	失業保險 1%	住房公積金 8%	個人所得稅	實發工資
1	101	華強	企管部	20151201101	5000.00	400.00	100.00	50.00	400.00	16.50	4033.50
2	201	孔禮	財務部	20151202201	4800.00	384.00	96.00	48.00	384.00	11.64	3876.36
3	202	孟義	財務部	20151203202	4500.00	360.00	90.00	45.00	360.00	4.35	3640.65
4	203	李仁	財務部	20151204203	4200.00	336.00	84.00	42.00	336.00	0.00	3402.00
5	301	莊智	人事部	20151205301	4850.00	388.00	97.00	48.50	388.00	12.86	3915.64
6	401	陳誠	資產部	20151206401	4600.00	368.00	92.00	46.00	368.00	6.78	3719.22
7	501	劉謙	供應部	20151207501	4700.00	376.00	94.00	47.00	376.00	9.21	3797.79
8	601	魯良	營銷部	20151208601	5000.00	400.00	100.00	50.00	400.00	16.5	4033.50
9	701	張恭	倉儲部	20151209701	4650.00	372.00	93.00	46.50	372.00	8.00	3758.50

續 表

序號	職員編號	職員姓名	所屬部門	銀行卡號	應付工資	代扣款項				個人所得稅	實發工資
						基本養老保險 8%	醫療保險 2%	失業保險 1%	住房公積金 8%		
10	702	曾檢	倉儲部	20151210702	4200.00	336.00	84.00	42.00	336.00	0.00	3402.00
11	801	顏讓	車間辦	20151211801	4950.00	396.00	99.00	49.50	396.00	15.29	3994.21
12	802	秦真	A生產線	20151212802	5450.00	436.00	109.00	54.50	436.00	27.44	4387.06
13	803	齊善	B生產線	20151213803	5300.00	424.00	106.00	53.00	424.00	23.79	4269.21
			合計		62200.00	4976.00	1244.00	622.00	4976.00	152.36	50229.64
實發合計大寫		⊗伍萬零貳佰貳拾玖元陸角肆分					(小寫)￥50,229.64				

公司法人代表(簽字)： 財務經理(簽字)： 人事經理(簽字)： 會計(簽字)：
出納(簽字)： 復核(簽字)： 製單(簽字)：

附表 11-2

中　國　銀　行　業務回單(付款)
BANK　OF　CHINA

入帳日期：2016－01－11　　　回單編號：201601111

付款人戶名：良友電子科技有限公司

付款人帳號：6906231798036901472753

付款人開戶行：中行鄭開支行

收款人戶名：良友電子科技有限公司員工

收款人帳號：良友電子科技有限公司員工銀行卡號

收款人開戶行：中行鄭開支行

幣種：人民幣(本位幣)

金額(大寫)：伍萬零貳佰貳拾玖元陸角肆分　　　　金額(小寫)：￥50,229.64

憑證種類：0　　　　　　　　　憑證號碼：

業務(產品)種類：轉帳　　　　　摘要：工資

渠道：網上銀行

交易機構號：0000000010　　記帳櫃員：01　　交易代碼：12212　　用途：

附言：支付交易序號：12345680　　報文種類：CMT100匯兌支付報文　委託日期：2016－01－11

業務種類：普通匯兌　收款人地址：中行鄭開支行　付款人地址：中行鄭開支行

指令編號：HQP000000069　　提交人：jtjb.c.1704　　最終授權人：jtfh.c.17

12. 1月12日,繳納上月個人所得稅,見附表12-1、12-2。

附表12-1

```
                中 國 銀 行  業務回單(付款)
                BANK  OF  CHINA
                      入帳日期:2016－01－12      回單編號:201601121
付款人戶名:良友電子科技有限公司
付款人帳號:6906231798036901472753
付款人開戶行:中行鄭開支行
收款人戶名:鄭東新區地方稅務局
收款行帳號:622100031100002
收款人開戶行:建行鄭州經三路支行
幣種:人民幣(本位幣)
金額(大寫):壹佰伍拾貳元叄角陸分               金額(小寫):￥152.36
憑證種類:0                     憑證號碼:
業務(產品)種類:跨行發報            摘要:個人所得稅
                              渠道:網上銀行
交易機構號:0000000010   記帳櫃員:01   交易代碼:12345   用途:
附言:支付交易序號:12345900   報文種類:CMT100匯兑支付報文   委託日期:2016－01－12
業務種類:普通匯兑   收款人地址:中國建設銀行經三路支行   付款人地址:中國銀行二七支行
指令編號:HQP000000123   提交人:jtjb.c.1704   最終授權人:jtfh.c.17
```

附表12-2

中國銀行電子繳稅付款憑證

轉帳日期:2016年01月12日   憑證字號:477187142016011121

```
納稅人全稱及納稅人識別號:良友電子科技有限公司 00062031678385

付款人全稱:良友電子科技有限公司
付款人帳號:6906231798036901472753   徵收機關名稱:鄭東新區地方稅務局
付款人開戶銀行:中行鄭開支行         收款國庫(銀行)名稱:地稅直屬支庫
小寫(合計)金額:￥152.36            繳款書交易流水號:2016011003550585
大寫(合計)金額:人民幣壹佰伍拾貳元叄角陸分   稅票號碼:001192098
     稅(費)種名稱      所屬時期           實繳金額
      個人所得稅    20151201－20151231     ￥152.36


第2次打印                    打印時間:2016年01月12日11時10分
```

13.1月12日,繳納上月養老保險、醫療保險、失業保險、工傷保險和生育保險,見附表13-1、13-2。

附表 13-1

中 國 銀 行
BANK OF CHINA 業務回單(付款)

入帳日期：2016－01－12　　　回單編號：201601122

付款人戶名：良友電子科技有限公司
付款人帳號：6906231798036901472753
付款人開戶行：中行鄭開支行
收款人戶名：鄭州市社會保險局
收款行帳號：4123695041106190000101
收款人開戶行：建行鄭州經三路支行
幣種：人民幣(本位幣)
金額(大寫)：貳萬陸仟柒佰肆拾陸元整　　　金額(小寫)：￥26746.00
憑證種類：0　　　　　　　　憑證號碼：
業務(產品)種類：跨行發報　　　摘要：養老、醫療、失業、工傷、生育保險
　　　　　　　　　　　　　　　　渠道：網上銀行
交易機構號：0000000010　　記帳櫃員：01　交易代碼：12212　用途：
附言：支付交易序號：12345680　報文種類：CMT100匯兌支付報文　委託日期：2016－01－12
業務種類：普通匯兌　收款人地址：中國建設銀行經三路支行　付款人地址：中行鄭開支行
指令編號：HQP000000069　提交人：jtjb.c.1704　最終授權人：jtfh.c.17

附表 13-2

河南省行政事業性收費基金專用票據
(社會保險費專用)

票據代碼：豫財 410101

票據批次：PA[2016]

單位或個人(蓋章)：良友電子科技有限公司　　2016 年 01 月 12 日　　No　0100768

項目	單位繳納金額	個人繳納金額	補繳金額	滯納金	金額(元) 百 十 萬 千 百 十 元 角 分	備註
養老保險	12440.00	4976.00			1 7 4 1 6 0 0	
醫療保險費	4976.00	1244.00			6 2 2 0 0 0	
工傷保險費	1244.00	622.00			1 8 6 6 0 0	
失業保險費	622.00				6 2 2 0 0	
生育保險費	622.00				6 2 2 0 0	
金額合計(大寫)	貳萬陸仟柒佰肆拾陸元整		￥26746.00			

第一聯 收據聯

收款單位(章)：　　　　　　　　　　　　　　開票人：張明輝

14.1月12日,繳納上月住房公積金,見附表14-1、14-2。

附表 14-1

中國銀行 業務回單(付款)
BANK OF CHINA

入帳日期:2016－01－12　　　　　　回單編號:201601123

付款人戶名:良友電子科技有限公司
付款人帳號:69062317980369014727 53
付款人開戶行:中行鄭開支行
收款人戶名:鄭州市住房公積金管理中心
收款行帳號:622100020003110
收款人開戶行:建行鄭州經三路支行
幣種:人民幣(本位幣)
金額(大寫):玖仟玖佰伍拾貳元整　　　　　　　　金額(小寫):￥9952.00
憑證種類:0　　　　　　　　憑證號碼:
業務(產品)種類:跨行發報　　　摘要:住房公積金　　渠道:網上銀行
交易機構號:0000000010　　記帳櫃員:01　　交易代碼:12345　　用途:
附言:支付交易序號:12345900　報文種類:CMT100匯兌支付報文　委託日期:2016－01－12
業務種類:普通匯兌　收款人地址:中國建設銀行經三路支行
付款人地址:中行鄭開支行
指令編號:HQP000000123　　提交人:jtjb.c.1704　　最終授權人:jtfh.c.17

附表 14-2

河南省行政事業性收費基金專用票據

(住房公積金專用)　　　　票據代碼:豫財410101
　　　　　　　　　　　　　票據批次:MM[2016]

單位或個人(蓋章):良友電子科技有限公司　　2016 年 01 月 12 日　　No 0110856

項目	單位繳納金額	個人繳納金額	補繳金額	滯納金	金額(元) 百十萬千百十元角分	備註
住房公積金	4976.00	4976.00			9 9 5 2 0 0	第一聯 收據聯
金額合計(大寫)	玖仟玖佰伍拾貳元整			￥9952.00		

收款單位(章):　　　　　　　　　　　　　開票人:張盼

15. 1月13日,公司董事會作出決議,對上年度淨利潤1,200,000元進行分配。按10％計提法定盈餘公積,按5％計提任意盈餘公積,按30％向股東分配現金股利,見附表15。

附表15

利潤分配計算表

2016年01月13日　　　　　　　　　　　　　　　　　單位:元

項目	全年淨利潤		分配比例	全年分配金額
	項目	金額		
法定盈餘公積	稅後利潤	1200000.00	10％	120000.00
任意盈餘公積	稅後利潤	1200000.00	5％	60000.00
應付現金股利	稅後利潤	1200000.00	30％	360000.00

主管:　　　　會計:　　　　復核:　　　　製單:

16. 1月13日,結轉上年度利潤分配各明細帳至「未分配利潤」明細帳戶。

17. 1月13日,收回上月廣州中天計算機商貿有限公司所欠貨款69,498.00元,給予對方現金折扣702.00元,見附表17-1、17-2。

附表17-1

中國工商銀行　　轉帳支票　　　10404122
　　　　　　　　　　　　　　　　01601131

出票日期(大寫)貳零壹陸年零壹月壹拾叁日　　付款行名稱:工行五羊支行
收款人:良友電子科技有限公司　　　　　　　出票人帳號:222222222222

付款日期自出票之日起十天

人民幣(大寫)	陸萬玖仟肆佰玖拾捌元整	億	千	百	十	萬	千	百	十	元	角	分
						￥	6	9	4	9	8	0	0

用途:支付貨款
上列款項請從
我帳戶內支付
出票人簽章

　　　　　　　　　　　復核　　　　　　記帳

附表 17-2

中 國 銀 行 進帳單（收帳通知）　3

2016 年 1 月 13 日

出票人	全　稱	廣州中天計算機商貿有限公司	收款人	全　稱	良友電子科技有限公司
	帳　號	222222222222		帳　號	6906231798036901472753
	開戶銀行	工行五羊支行		開戶銀行	中行鄭開支行
金額	人民幣（大寫）	陸萬玖仟肆佰玖拾捌元整	億 千 百 十 萬 千 百 十 元 角 分　　　　¥　6 9 4 9 8 0 0		
票據種類	轉支	票據張數	1 張	收款人開戶銀行簽章	
票據號碼					
	復核　　　記帳				

18. 1 月 13 日,開出轉帳支票支付上月欠鄭州德勤電子有限公司和北京富康計算機配件經銷公司貨款,其中北京富康計算機配件經銷公司享受 2,351.70 元現金折扣,見附表 18-1、18-2。

附表 18-1

中國銀行
轉帳支票存根（豫）
10404122
01601132

附加信息

出票日期 2016 年 01 月 13 日

收款人：鄭州德勤電子有限公司

金　額：¥189540.00

用　途：支付貨款

單位主管　　會計

附表 18-2

中國銀行
轉帳支票存根（豫）
10404122
01601133

附加信息

出票日期 2016 年 01 月 13 日

收款人：北京富康計算機配件經銷公司

金　額：¥115355.40

用　途：支付貨款

單位主管　　會計

19. 1 月 14 日,與洛陽九都電子科技公司簽訂銷售 B 型計算機合同,對方用銀行匯票預付訂金 10,000 元,見附表 19-1 至 19-3。

附表 19-1

購銷合同

購貨方:洛陽九都電子科技公司
供貨方:良友電子科技有限公司
雙方依據《中華人民共和國合同法》及有關法規,經協商一致簽訂本合同。

一、訂購商品:

商品編號	商品名稱	規格	單位	數量	單價	金額(元)	稅率	稅額(元)	價稅款合計(元)
301	B型計算機	LY50－90B	臺	200	3500.00 元	700000.00	17%	119000.00	819000.00
合計	人民幣(大寫)⊗捌拾壹萬玖仟元整					(小寫)￥819000.00			

二、保修服務:按原廠保修條例保修。
三、結算方式及期限:預付 10000.00 元訂金,剩餘貨款在買方收貨後支付。
四、收貨地址:洛陽市九都路 138 號 洛陽九都電子科技公司
五、運輸方式:賣方代辦托運,運輸費由買方負擔。
六、產品的交貨期:2016 年 1 月 17 日前。
七、本合同如需變更或解除,須經合同雙方協商簽定書面協議,並不得損害國家利益,否則視同違約。
八、違約責任:買方違約,賣方不退還訂金;賣方違約,雙倍返還訂金。同時視給對方造成的損害,依照《中華人民共和國合同法》及有關法規的規定承擔賠償責任。
九、不可抗力:由於不可抗力的原因不能履行合同時,依照《中華人民共和國合同法》及相關法律法規的規定處理。
十、爭議處理:執行本合同發生爭議時,雙方應及時協商解決,協商不成,該爭議由鄭州市仲裁委員會仲裁,仲裁裁決是終局的,對雙方具有同等約束力。
十一、本合同一式兩份,購貨方、供貨方各一份,本合同傳真件同樣具有法律效力。

購貨方:洛陽九都電子科技公司 (蓋章) 2016 年 1 月 14 日	供貨方:良友電子科技有限公司 (蓋章) 2016 年 1 月 14 日
經手人(簽字)高友朋	經手人(簽字)劉謙
電話:0379－23567896	電話:0371－9998886
傳真:0379－23567896	傳真:0371－9998886
開戶銀行:農行白馬支行	開戶銀行:中行鄭開支行
帳號:333333333333	帳號:6906231798036901472753
單位地址:洛陽市九都路 138 號	單位地址:鄭州經濟技術開發區第九大街 936 號

附錄

附表 19-2

```
           中國農業銀行      2    10304142
           銀行匯票              01601141
```

出票日期（大寫）：貳零壹陸年零壹月壹拾肆日　代理付款行：中國銀行二七支行　行號：_____

收款人：良友電子科技有限公司

出票金額（大寫）：人民幣　壹萬元整

實際結算金額（大寫）：人民幣　壹萬元整

千	百	十	萬	千	百	十	元	角	分
		¥	1	0	0	0	0	0	0

申請人：洛陽九都電子科技公司　　帳號：333333333333

出票行：農行白馬支行　行號：57823

密押：_____

多餘金額

千	百	十	萬	千	百	十	元	角	分

備註：_____
憑票付款
出票行簽章

復核　　記帳

提示付款期限自出票之日起壹個月

此聯代理付款行付款後作聯行往帳借方憑證附件

附表 19-3

中國銀行進帳單（收帳通知）　3

2016 年 1 月 14 日

出票人	全　稱	洛陽九都電子科技公司	收款人	全　稱	良友電子科技有限公司
	帳　號	333333333333		帳　號	6906231798036901472753
	開戶銀行	農行白馬支行		開戶銀行	中行鄭開支行

金額	人民幣（大寫）	壹萬元整	億	千	百	十	萬	千	百	十	元	角	分
						¥	1	0	0	0	0	0	0

票據種類	銀行匯票	票據張數	1 張
票據號碼			

收款人開戶銀行簽章

復核　　記帳

20.1 月 15 日，申請銀行匯票，金額 8,000 元，見附表 20-1、20-2。

附表 20-1

中國銀行　　結算業務申請書　　豫 No 201601151

申請日期：2016 年 01 月 15 日

業務種類：行內匯款□　境內同業匯款□　銀行匯票☑　銀行本票□

申請人	名稱	良友電子科技有限公司	收款人	名稱	北京富康計算機配件經銷公司
	帳號	6906231798036901472753		帳號	555555555555
	聯繫電話	0371－9998886		聯繫電話	010－89562314
	身分證件類型			匯入行名稱	農行西單支行
	身分證件號			匯入行地點	北京市　省 海澱區 市（縣）

金額	人民幣（大寫）捌仟元整	億	千	百	十	萬	千	百	十	元	角	分
							￥	8	0	0	0	0

扣帳方式：轉帳☑　現金□　其他□　　收費帳號：

現金匯款請填寫　國籍　　職業　　　用途：辦理銀行匯票

支付密碼：　　　　　　　　　　　　　附言：

第二聯 客戶暫存聯

附表 20-2

中國銀行　　　　　2　　10404142
銀行匯票　　　　　　01601115

出票日期（大寫）：貳零壹陸年零壹月壹拾伍日　　代理付款行：農行西單支行　行號：

收款人：北京富康計算機配件經銷公司

出票金額 人民幣（大寫）：捌仟元整

實際結算金額 人民幣（大寫）：捌仟元整

千	百	十	萬	千	百	十	元	角	分
			￥	8	0	0	0	0	0

申請人：良友電子科技有限公司　　　　帳號：6906231798036901472753

出票行：中國銀行鄭開支行　行號：　　密押：

備　註：

憑票付款

出票行簽章

多餘金額

千	百	十	萬	千	百	十	元	角	分

復核　　記帳

提示付款期限自出票之日起壹個月

此聯代理付款行付款後作付款行往帳借方憑證附件

21. 1月15日,與北京富康計算機配件經銷公司簽訂供貨合同,所訂購材料見下表,用銀行匯票向對方預付訂金 8,000 元,見附表 21-1、21-2。

附表 21-1

購銷合同

購貨方:良友電子科技有限公司
供貨方:北京富康計算機配件經銷公司
雙方依據《中華人民共和國合同法》及有關法規,經協商一致簽訂本合同。

一、訂購商品:

材料編號	商品名稱	規格	單位	數量	單價	金額(元)	稅率	稅額(元)	價稅款合計(元)
116	長城顯示器	L2172WS 20.7	個	200	545.00	109000.00	17%	18530.00	127530.00
117	羅技鍵盤	K100	個	200	50.00	10000.00	17%	1700.00	11700.00
119	羅技鼠標	M100r	個	200	55.00	11000.00	17%	1870.00	12870.00
合計	人民幣(大寫)⊗壹拾伍萬貳仟壹佰元整					(小寫)￥152100.00			

二、保修服務:按原廠保修條例保修。
三、結算方式及期限:本合同生效時購買方向銷售方支付訂金 8000.00 元,餘款在購買方驗收貨物後採用電匯方式補付。
四、交貨地址:鄭州經濟技術開發區第九大街 936 號 良友電子科技有限公司材料庫。
五、運輸方式:賣方代辦托運,運費由買方承擔,並與貨款一起結算。
六、產品的交貨期:2016 年 1 月 17 日前。
七、本合同如需變更或解除,須經合同雙方協商簽定書面協議,並不得損害國家利益,否則視同違約。
八、違約責任:買方違約,賣方不退還訂金;賣方違約,雙倍返還訂金。同時視給對方造成的損害,依照《中華人民共和國合同法》及有關法規的規定承擔賠償責任。
九、不可抗力:由於不可抗力的原因不能履行合同時,依照《中華人民共和國合同法》及相關法律法規的規定處理。
十、爭議處理:執行本合同發生爭議時,雙方應及時協商解決,協商不成,該爭議由鄭州市仲裁委員會仲裁,仲裁裁決是終局的,對雙方具有同等約束力。
十一、本合同一式兩份,購貨方、供貨方各一份,本合同傳真件同樣具有法律效力。

購貨方:良友電子科技有限公司 (蓋章) 2016 年 1 月 15 日	供貨方:北京富康計算機配件經銷公司 (蓋章) 2016 年 1 月 15 日
經手人(簽字)劉謙	經手人(簽字)張棟樑
電話:0371-9998886	電話:010-56612346
傳真:0371-9998886	傳真:0371-56612346
開戶銀行:中行鄭開支行	開戶銀行:農行西單支行
帳號:6906231798036901472753	帳號:555555555555
單位地址:鄭州經濟技術開發區第九大街 936 號	單位地址:北京市西單北大街 278 號

附表 21-2

收 據

No 0039738

2016 年 1 月 15 日

今收到：良友電子科技有限公司交來中國銀行匯票一張（票號 1040414201601142）

人民幣（大寫）：捌仟元整　　　￥8000.00

系　付：採購訂金

第三聯　付款方記帳聯

單位蓋章　　　會計　　　出納　　　收款人：朱楠

22. 1 月 17 日，15 日從北京富康計算機配件經銷公司訂購的材料驗收入庫，專用發票、運費發票隨貨同行，運費按各種存貨的金額進行分配，見附表 22-1 至 22-5。

附表 22-1

北京增值税专用发票

№0279941

抵 扣 联

校验码 54896 35987 46136 98713　　　　开票日期：2016 年 01 月 17 日

购买方	名　称：良友电子科技有限公司					密码区	85>7+00>357>361>09*<64+210 02/57*039>00+>09	加密版本=01
	纳税人识别号：00062031678385						6*0002/57*039>00+781+741-902/57*03*09+281*7	3200071712
	地　址、电　话：郑州经济技术开发区第九大街936号						<<951++258**089/456+247/160+123/10+1+2-247/	04343224
	开户行及账号：中行郑开支行 69062317980369014727753						102/57*039>00+123/147**09+2-359/56+24647*8	

货物或应税劳务、服务名称	规格型号	单位	数量	单价	金额	税率	税额
长城显示器	L2172WS 20.7	个	200	545.00	109000.00	17%	18530.00
罗技键盘	K100	个	200	50.00	10000.00	17%	1700.00
罗技鼠标	M100r	个	200	55.00	11000.00	17%	1870.00
合　　计					￥130000.00		￥22100.00

价税合计（大写）　◎壹拾伍万贰仟壹佰元整　　　（小写）￥152100.00

销售方	名　称：北京富康计算机配件经销公司	备注
	纳税人识别号：10014567890123	
	地　址、电　话：北京市海淀区光明南路29号	
	开户行及账号：农行西单支行 555555555555	

收款人：朱楠　　　复核：陈伟　　　开票人：张栋梁　　　销售方：（章）

第二联　抵扣联　购买方扣税凭证

附录

附表 22-2

北京增值税专用发票　　№0279941

校验码 54896 35987 46136 98713　　发 票 联　　开票日期：2016 年 01 月 17 日

购买方	名　　称：良友电子科技有限公司	密码区	B5>7+00>357>361>09*<64+210 02/57*039>00*>09 6*0002/57*039>00+781*741-902/57*03*09+281*7 <<951++258**089/456+247/160-123/10-1-2-247/ 102/57*039>00-123/147**09-2-359/56+24647*8	加密版本：01 3200071712 04343224
	纳税人识别号：00062031678385			
	地　址、电　话：郑州经济技术开发区第九大街936号			
	开户行及账号：中行郑开支行 690623179803690147275			

货物或应税劳务、服务名称	规格型号	单位	数量	单价	金额	税率	税额
长城显示器	L2172WS 20.7	个	200	545.00	109000.00	17%	18530.00
罗技键盘	K100	个	200	50.00	10000.00	17%	1700.00
罗技鼠标	M100r	个	200	55.00	11000.00	17%	1870.00
合　　　计					￥130000.00		￥22100.00

价税合计（大写）	⊗壹拾伍万贰仟壹佰元整	（小写）￥152100.00

销售方	名　　称：北京富康计算机配件经销公司	备注
	纳税人识别号：10014567890123	
	地　址、电　话：北京市海淀区光明南路29号	
	开户行及账号：农行西单支行 555555555555	

收款人：朱楠　　复核：陈伟　　开票人：张栋梁　　销售方：（章）

第三联　发票联　购买方记账联

附表 22-3

货物运输业增值税专用发票　　No 87654323

3100114760　　抵扣联　　开票日期：2016 年 01 月 17 日

承运人及纳税人识别号	通达物流有限责任公司 07838006203165	密码区	09-902/57*03*09+28-902/57*03*0+286*0002/57*039>00+781*741- <951++258**089/456+247/160+123/10+357>361>09*<62/57*039> 096*0002/57*039>00+781*741-902/57*03*09+281*7<<951++258*
实际受票方及纳税人识别号	良友电子科技有限公司 00062031678385		

收货人及纳税人识别号	良友电子科技有限公司 00062031678385	发货人及纳税人识别号	北京富康计算机配件经销公司 10014567890123

起运地、经由、到达地	北京市经由京港澳高速到达郑州市

费用项目及金额	运费	货物运费	￥100.00	运输货物信息	

金额合计	￥100.00	税率	11%	税额	￥11.00	机器编号	JYZ0123456

价税合计（大写）	壹佰壹拾壹元整	（小写）￥111.00

车种车号	京A100214	车船吨位	5吨	备注	
主管税务机关及代码	北京市海淀区国税代码 82573405				

收款人：郑刚　　复核人：李东　　开票人：肖明　　承运人：（章）

第二联　抵扣联　受票方扣税凭证

附表 22-4

货物运输业增值税专用发票
发票联

3100114760　　　　　　　　　　　　　　　　　　　　No 87654323

开票日期：2016 年 01 月 17 日

承运人及纳税人识别号	通达物流有限责任公司 07838006203165	密码区	09-902/57*03*09*28-902/57*03*0*286*0002/57*039>00+781*741-<951++258**089/456+247/160+123/10+357>361>09*<62/57*039> 096*0002/57*039>00+781*741-902/57*03*09+281*7<<951++258*
实际受票方及纳税人识别号	良友电子科技有限公司 00062031678385		
收货人及纳税人识别号	良友电子科技有限公司 00062031678385	发货人及纳税人识别号	北京富康计算机配件经销公司 10014567890123
起运地、经由、到达地	北京市经由京港奥高速到达郑州市		
费用项目及金额	运费　货物运费　¥100.00	运输货物信息	
金额合计 ¥100.00	税率 11%	金额合计 ¥11.00	机器编号
价税合计（大写）	壹佰壹拾壹元整	（小写）¥111.00	
车种车号 京A100214	车船吨位 5吨	备注	
主管税务机关及代码	北京市海淀区国税代码 82573405		

收款人：郑刚　　复核人：李东　　开票人：肖明　　承运人：（章）

第二联：发票联　受票方记账凭证

附表 22-5

收 料 单
2016 年 1 月 17 日

材料類別：原材料

供應單位：鄭州富康計算機配件經銷公司　　　　　倉庫：材料庫

發票號碼：0279941　　　　　　　　　　　　　　材料科目：週轉材料

材料編號	材料名稱	規格	計量單位	數量 應收	數量 實收	實際成本(元) 單價	實際成本(元) 金額	運雜費	其他	合計
116	長城顯示器	L2172WS 20.7	個	200	200	545.00	109000.00			
117	羅技鍵盤	K100	個	200	200	50.00	10000.00			
119	羅技鼠標	M100r	個	200	200	55.00	11000.00			
合計										

倉庫主管：張恭　驗收：曾檢　記帳：　交貨人：劉謙　製單：曾檢　倉庫（蓋章）

第三聯 記帳聯

23. 1 月 17 日，補付北京富康計算機配件經銷公司貨款 144,211.00 元，見附表 23。

附表23

中國銀行　電匯憑證(回單)　1

幣別：人民幣　　　　2016年01月17日　　　　No201601171

匯款人	全稱	良友電子科技有限公司	收款人	全稱	北京富康計算機配件經銷公司
	帳號	6906231798036901472753		帳號	555555555555
	匯出行名稱	中行鄭開支行		匯入行名稱	農行西單支行
匯出地點		河南　省　鄭州　市　縣	匯入地點		北京市　省　海澱區　市　縣

金額	人民幣（大寫）	⊗壹拾肆萬肆仟貳佰壹拾壹元整	億	千	百	十	萬	千	百	十	元	角	分
				¥	1	4	4	2	1	1	0	0

支付密碼

附加信息及用途：支付貨款

匯出行簽章　　　　　復核：　　　　記帳：

此聯是匯出行給匯款人的回單

24. 1月17日，基本車間領料，按訂單生產加工B型計算機，見附表24。

附表24

領料單

2016年1月17日

領料部門：基本車間　　　用途：生產B型計算機　　　編號：001

材料編號	材料名稱	規格	計量單位	數量 請領	數量 實發	單價（元）	金額（元）
101	AMD－CPU	速龍 II X2,245	個	200.00	200.00	670.00	134000.00
103	銘瑄主板	MS－M3A785G	個	200.00	200.00	398.84	79768.00
106	金士頓內存	4G DDR3,1600	個	200.00	200.00	120.00	24000.00
107	影馳顯卡	GT520 戰狐 D3	個	200.00	200.00	350.00	70000.00
110	希捷硬盤2	500GB 720012,16M	個	200.00	200.00	360.00	72000.00
112	酷冷至尊電源	RS－400－PCAP－A3	個	200.00	200.00	199.00	39800.00
113	長城機箱	W－08	個	200.00	200.00	128.00	25600.00
116	長城顯示器	L2172WS 20.7	個	200.00	200.00	545.42	109084.00
117	羅技鍵盤	K100	個	200.00	200.00	50.04	10008.00
120	華碩鼠標	UT220	個	200.00	200.00	55.04	11008.00
202	B型機包裝箱		套	200.00	200.00	8.00	1600.00
備註：						金額合計	576868.00

倉庫主管：張恭　　發料：曾檢　　記帳：　　領料人：顏讓　　製單：曾檢　　倉庫（蓋章）

第三聯　記帳聯

25.1月20日,B型計算機完工入庫,見附表25。

附表 25

產　品　入　庫　單

2016 年 1 月 20 日

交庫單位:基本生產車間　　　　　　　　　　　　　　　倉庫:成品庫

產品編碼	產品名稱	規格	計量單位	交庫數量	單價	備註
302	B型計算機	LY50－90B	臺	200		

第三聯　　記帳聯

車間負責人:顏讓　　質檢:　　倉庫主管:張恭　　倉庫管理員:曾檢　　製單:曾檢

26.1月21日,向洛陽九都電子科技公司發出B型計算機,開出增值稅專用發票,並為其用現金為對方代墊運費(運費發票系複印件)300元,見附表26-1、26-2、26-3。

附表 26-1

產　品　發　貨　單

2016 年 1 月 21 日

購貨單位:洛陽九都電子科技公司　　　　　　　　　　　　編號:002

產品編碼	產品名稱	規格	計量單位	發出數量	單價	備註
302	B型計算機	LY50－90B	臺	200	3500.00	

主管:　　會計:　　保管員:曾檢　　經辦人:魯良　　製單:曾檢

附 錄

附表 26-2

河南增值税专用发票　　No.0279951
此联不作报销、扣税凭证使用

校验码 54896 35987 46136 98714　　开票日期：2016 年 1 月 21 日

购买方	名　　称：	洛阳九都电子科技公司	密码区	85>7*00>357>361>09*<64*210 02/57*039>00*>09 6*0002/57*039>00*781*741-902/57*03*09*281*7 <<951**258**089/456-247/160+123/10+1-247/ 102/57*039>00+123/147**09-2-359/56-24647*8	加密版本：01 3200071712 04343224
	纳税人识别号：	41022345678901			
	地址、电话：	洛阳市九都路 138 号 0379-23567896			
	开户行及账号：	农行白马支行 333333333333			

货物或应税劳务、服务名称	规格型号	单位	数量	单价	金额	税率	税额
B 型计算机	LY50-90B	台	200	3500.00	700000.00	17%	119000.00
合　　计					¥700000.00		¥119000.00

价税合计（大写）　◎捌拾壹万玖仟元整　　（小写）¥819000.00

销售方	名　　称：	良友电子科技有限公司	备注
	纳税人识别号：	00062031678385	
	地址、电话：	郑州经济技术开发区第九大街 936 号	
	开户行及账号：	中行郑开支行 6906231798036901472753	

收款人：李仁　　复核：　　开票人：鲁良　　销售方：（章）

第一联：记账联　销售方记账凭证

附表 26-3

货物运输业增值税专用发票　　No 43238765
1476031001　　发票联　　开票日期：2016 年 01 月 21 日

承运人及纳税人识别号	通达物流有限责任公司 07838006203165	区码区	09-902/57*03*09+28-902/57*03*0+286*0002/57*039>00+781*741- <951++258**089/456-247/160+123/10+357*361>09*<62/57*039> 096*0002/57*039>00+781*741-902/57*03*09+281*7<<951++258*>
实际受票方及纳税人识别号	洛阳九都电子科技公司 41022345678901		

收货人及纳税人识别号	洛阳九都电子科技公司 41022345678901	发货人及纳税人识别号	良友电子科技有限公司 00062031678385

起运地、经由、到达地　郑州市经由郑洛高速到达洛阳市

费用项目及金额	运费	货物运费	¥300.00	运输货物信息	

金额合计	¥300.00	税率	11%	税额	¥33.00	机器编号	

价税合计（大写）　叁佰叁拾叁元整　　（小写）¥333.00

车种车号	豫 A200141	车船吨位	5 吨	备注	
主管税务机关及代码	北京市海淀区国税代码 82573405				

收款人：刘洋洋　　复核人：肖凯　　开票人：陈威　　承运人：（章）

第三联：发票联　受票方记账凭证

27. 1 月 21 日，洛陽九都電子科技公司採用電匯方式補付 B 型計算機剩餘貨

款,見附表27。

附表27

| 中國人民銀行 支付系統專用憑證 | No 0414120160121 |

業務種類:電匯
發起行名稱:農行白馬支行　　　　　　委託日期:2016-01-21
匯款人帳號:333333333333
匯款人名稱:洛陽九都電子科技公司
匯款人地址:洛陽市九都路138號
接受行名稱:中行鄭開支行　　　　　　接受日期:2016-01-21
收款人帳號:6906231798036901472753
收款人名稱:良友電子科技有限公司
收款人地址:鄭州經濟技術開發區第九大街936號
貨幣名稱、金額大寫:人民幣捌拾萬玖仟叁佰叁拾叁元整
貨幣符號、金額小寫:¥809333.00
附言:貨款
報文狀態:已入帳
第二聯　做客戶通知單　　　　　　會計　　　復核　　　記帳

28. 1月29日,開戶行從本公司帳戶劃撥本月電費581.78元給供電公司,見附表28-1、28-2、28-3。

附表28-1

| 河南增值税专用发票 | №0279944 |

抵 扣 联　　开票日期:2016年01月29日

校验码 54896 35987 46136 98713

购买方
名　称:良友电子科技有限公司
纳税人识别号:00062031678385
地　址、电话:郑州经济技术开发区第九大街936号
开户行及账号:中行郑开支行 6906231798036901472753

密码区
85>7*00>357>361>09*<64*210 02/57*039>00*>09
6*0002/57*039>00+781/741-902/57*03*09+261*7
<<951++258**089/456-247/160/123/10+1*2-247/
102/57*039>00+123/147**09+2-359/56-24647*8

加密版本:01
3200071712
04343224

货物或应税劳务名称	规格型号	单位	数量	单价	金额	税率	税额
电		度	585	0.85	497.25	17%	84.53
合　　　计					¥497.25		¥84.53

价税合计(大写)　⊗伍佰捌拾壹元柒角捌分　　(小写)¥581.78

销售方
名　称:中原大唐电力供应有限公司
纳税人识别号:41016789012345
地　址、电话:郑东新区农业南路29号
开户行及账号:工行郑东新区支行 7777777777

备注

收款人:何之然　　　复核:　　　开票人:张开弓　　　销货单位:(章)

第二联 抵扣联 购买方扣税凭证

附錄

附表 28-2

河南增值税专用发票　№0279944

校验码 54896 35987 46136 98713　　发　票　联　　开票日期：2016 年 01 月 29 日

购买方	名　称：良友电子科技有限公司	密码区	85>7*00>357>361>09*<64*210 02/57*039>00*>09　加密板本：01 6>0002/57*039>00*781*741-902/57*03*09-261*7　3200071712 <<951++258*089/456-247/160-123/10*1-2-247/　04343224 102/57*039>00-123/147**09*2-359/56-24647*8
	纳税人识别号：00062031678385		
	地　址、电　话：郑州经济技术开发区第九大街936号		
	开户行及账号：中行郑开支行 6906231798036901472753		

货物或应税劳务名称	规格型号	单位	数量	单价	金额	税率	税额
电		度	585	0.85	497.25	17%	84.53
合　　　　计					￥497.25		￥84.53

价税合计（大写）	⊗伍佰捌拾壹元柒角捌分	（小写）￥581.78

销售方	名　称：中原大唐电力供应有限公司	备注	
	纳税人识别号：41016789012345		
	地　址、电　话：郑东新区农业南路29号		
	开户行及账号：工行郑东新区支行 777777777777		

收款人：何之然　　　复核：　　　开票人：张开弓　　　销货单位：（章）

第二联　发票联　购买方记账联

附表 28-3

托收憑證（付款通知）　5

IX II 201601291

委託日期　2016 年 01 月 29 日

類型　　　委託收款（□郵劃、☑電劃）　　　托收承付（□郵劃、□電劃）

付款人	全稱	良友電子科技有限公司	收款人	全稱	中原大唐電力供應有限公司
	帳號	6906231798036901472753		帳號	777777777777
	地址	鄭州 市縣 開戶行 中行鄭開支行		地址	鄭州 市縣 開戶行 工行鄭東新區支行

金額	人民幣（大寫）	伍佰捌拾壹元柒角捌分	億 千 百 十 萬 千 百 十 元 角 分
			￥ 　　　　　　5 8 1 7 8

款項內容	電費	托收憑證名稱	委託收款	附單證張數	2

商品發運情況		合同名稱號碼	

備註 付款人開戶銀行收到日期 　　　　年　月　日 復核：　　記帳：	付款人開戶銀行簽章： 　　　　年　月　日	付款人注意： 1. 根據支付結算辦法，上列委託收款（托收承付）款項在付款期限內未提出拒付，即視為同意付款。以此代付款通知。 2. 如需提出全部或部分拒付，應在規定期限內，將拒付理由書並附債務證明退交開戶銀行。

29. 1 月 29 日,支付當月職工取暖費 8,750 元,見附表 29-1、29-2。

附表 29-1

良友電子科技有限公司 2016 年 1 月職工取暖費發放表

工資所屬週期:2015 年 12 月　　　　　　　　　　　　　　　　　　　　單位:元

序號	職員編號	職員姓名	所屬部門	銀行卡號	金額	備註
1	101	華強	企管部	6212261715000990021	703.38	
2	201	孔禮	財務部	6212261715000990022	675.24	
3	202	孟義	財務部	6212261715000990023	633.04	
4	203	李仁	財務部	6212261715000990024	590.84	
5	301	莊智	人事部	6212261715000990025	682.27	
6	401	陳誠	資產部	6212261715000990026	647.11	
7	501	劉謙	供應部	6212261715000990027	661.17	
8	601	魯良	營銷部	6212261715000990028	703.38	
9	701	張恭	倉儲部	6212261715000990029	654.14	
10	702	曾檢	倉儲部	6212261715000990030	590.84	
11	801	顏讓	車間辦	6212261715000990031	696.34	
12	802	秦真	A 生產線	6212261715000990032	766.68	
13	803	齊善	B 生產線	6212261715000990033	745.57	

實發合計(大寫)捌仟柒佰伍拾元整　　　　　　　(小寫)￥8,750.00

公司法人代表(簽字):　　　　財務經理(簽字):　　　　人事經理(簽字):
會計(簽字):　　　　　　　　復核(簽字):　　　　　　製單(簽字):

附表 29-2

中國銀行 BANK OF CHINA 業務回單(付款)

入帳日期：2016－01－29　　回單編號：201601291

付款人戶名：良友電子科技有限公司
付款人帳號：6906231798036901472753
付款人開戶行：中行鄭開支行
收款人戶名：良友電子科技有限公司員工
收款人帳號：良友電子科技有限公司員工銀行卡號
收款人開戶行：中國銀行鄭開支行
幣種：人民幣(本位幣)
金額(大寫)：捌仟柒佰伍拾元整　　　　　　金額(小寫)：￥8750.00
憑證種類：0　　　　　　　　憑證號碼：
業務(產品)種類：轉帳　　　　摘要：取暖費
渠道：網上銀行
交易機構號：0000000010　　記帳櫃員：01　　交易代碼：12212　　用途：
附言：支付交易序號：12345680　報文種類：CMT100匯兌支付報文　委託日期：2016－01－29
業務種類：普通匯兌　收款人地址：中國銀行鄭開支行　付款人地址：中行鄭開支行
指令編號：HQP000000069　提交人：jtjb.c.1704　最終授權人：jtfh.c.17

30. 1月30日，購置世通計算機組裝生產線一條5,000元，見附表30-1、30-2、30-3、30-4。

附表 30-1

河南增值稅專用發票　No 0279929

抵扣聯　　開票日期：2016年01月30日

校驗碼 46136 98713 54896 35987

購買方	名稱：良友電子科技有限公司	密碼區	85>7-00)357>361)09*(64-210 02/57*039>00* >09　加密版本:01
	納稅人識別號：00062031678385		6*0002/57*039>00*781*741-902/57*03*09-281*7　3200071712
	地址、電話：鄭州經濟技術開發區第九大街936號		<<951*-258*089/456-247/160-123/10-1*2-247/　04343224
	開戶行及賬號：中行鄭開支行 6906231798036901472753		102/57*039>00+123/147**09-2-359/56+24647*8

貨物或應稅勞務名稱	規格型號	單位	數量	單價	金額	稅率	稅額
世通計算機組裝生產線	ST16-01A	套	1	5000.00	5000.00	17%	850.00
合　計					￥5000.00		￥850.00

價稅合計(大寫)：◎伍仟捌佰伍拾元整　　(小寫)￥5850.00

銷售方	名稱：南陽世通電子設置有限公司	備註
	納稅人識別號：41267890123456	
	地址、電話：南陽市臥龍路97號	
	開戶行及賬號：工行臥龍支行 888888888888	

收款人：林子叶　　複核：　　　開票人：朱小平　　銷貨單位：(章)

第二聯　抵扣聯　購買方扣稅憑證

附表 30-2

河南增值税专用发票   № 0279929

校验码校验码46136 98713 54896 35987

发 票 联   开票日期：2016 年 01 月 30 日

购买方	名　称	良友电子科技有限公司	密码区	85>7+00>357>361>09*<64+210 02/57*039>00+>09 6*0002/57*039>00+781+741-902/57*03+09+281*7 <<951++258**089/456-247/160+2/310/10+1+2-247/ 102/57*039>00+123/147**09+2-359/56+24647*8	加密版本：01 3200071712 04343224
	纳税人识别号：	00062031678385			
	地　址、电　话	郑州经济技术开发区第九大街936号			
	开户行及账号	中行郑开支行 6906231798036901472753			

货物或应税劳务名称	规格型号	单位	数量	单价	金额	税率	税额
世通计算机组装生产线	ST16-01A	套	1	5000.00	5000.00	17%	850.00
合　　　计					¥5000.00		¥850.00

价税合计（大写）	⊗伍仟捌佰伍拾元整	（小写）¥5850.00

销售方	名　称	南阳世通电子设置有限公司	备注
	纳税人识别号：	41267890123456	
	地　址、电　话	南阳市卧龙路97号	
	开户行及账号	工行卧龙支行 888888888888	

收款人：林子叶　　　复核：　　　开票人：朱小平　　　销货单位：（章）

第二联 发票联 购买方记账联

附表 30-3

中國銀行　電匯憑證（回單）　1

幣別：人民幣　　2016 年 01 月 30 日　　No201601301

匯款人	全稱	良友電子科技有限公司	收款人	全稱	南陽世通電子設置有限公司
	帳號	6906231798036901472753		帳號	888888888888
	匯出行名稱	中行鄭開支行		匯入行名稱	工行臥龍支行
匯出地點		河南 省 鄭州 市 縣	匯入地點		河南 省 南陽 市 縣

金額	人民幣（大寫）⊗伍仟捌佰伍拾元整	億 千 百 十 萬 千 百 十 元 角 分 　　　　　　　　Y 5 8 5 0 0 0

支付密碼

附加信息及用途：支付設備款

匯出行簽章　　　　　　復核：　　　　記帳：

此聯為匯出行給匯款人的回單

附表 30-4

固定資產驗收單

2016 年 1 月 30 日

資產名稱	世通計算機組裝生產線	單位		套	
規格型號	ST16－01A	類型名稱		機器	
購買價款	5000.00 元	稅款	850.00 元	價稅合計	5850.00 元
購買日期	2016 年 1 月 30 日	生產日期	2015 年 12 月 23 日		
供應商	南陽世通電子設置有限公司	生產廠家	南陽世通電子設置有限公司		
檢驗部門	（簽章）	管理部門		（簽章）	
使用部門	（簽章）	經辦人		（簽章）	

第一聯 記帳聯

註：此表一式三份，使用部門、管理部門、財務部各一份。

31. 1 月 31 日，預繳納本月企業所得稅，見附表 31-1、31-2。

附表 31-1

```
                     中 國 銀 行
                    BANK  OF  CHINA   業務回單（付款）
                          入帳日期：2016－01－31         回單編號：201601302
付款人戶名：良友電子科技有限公司
付款人帳號：6906231798036901472753
付款人開戶行：中行鄭開支行
收款人戶名：鄭東新區國家稅務局
收款行帳號：311000026221000
收款人開戶行：建行鄭州經三路支行
幣種：人民幣（本位幣）
金額（大寫）：壹拾壹萬玖仟壹佰玖拾柒元玖角柒分           金額（小寫）：￥119197.97
憑證種類：0                       憑證號碼：
業務（產品）種類：跨行發報        摘要：企業所得稅        渠道：網上銀行
交易機構號：0000000010   記帳櫃員：01   交易代碼：12345   用途：
附言：支付交易序號：12345900   報文種類：CMT100 匯兌支付報文   委託日期：2016－01－31
業務種類：普通匯兌   收款人地址：中國建設銀行經三路支行
付款人地址：中行鄭開支行
指令編號：HQP000000123   提交人：jtjb.c.1704   最終授權人：jtfh.c.17
```

233

附表 31-2

中國銀行電子繳稅付款憑證

轉帳日期:2016 年 01 月 31 日　　　　　　　憑證字號:47718714201601311

納稅人全稱及納稅人識別號:良友電子科技有限公司 6906231798036901472753	
付款人全稱:良友電子科技有限公司	
付款人帳號:6906231798036901472753　徵收機關名稱:鄭東新區國家稅務局	
付款人開戶銀行:中行鄭開支行　　　　收款國庫(銀行)名稱:國稅直屬支庫	
小寫(合計)金額:￥119197.97　　　　　繳款書交易流水號:2016011013550585	
大寫(合計)金額:壹拾壹萬玖仟壹佰玖拾柒元玖角柒分　　稅票號碼:001192097	
稅(費)種名稱　　　　所屬時期　　　　　實繳金額	
個人所得稅　　　　20160101－20160131　￥119197.97	

第 2 次打印　　　　　　　　　　　打印時間:2016 年 01 月 31 日 11 時 10 分

第二聯　　作付款回單(無銀行收訖章無效)　　復核　　記帳　　櫃員號 25

32.1 月 31 日,分配結轉本月電費,其中生產直接耗用的電費的分配標準為生產工人工資,見附表 32。

附表 32

電費分配表

2013 年 12 月 31 日

使用部門	耗用數量	直接費用分配		單價	金額
		工人工資	分配率		
車間耗用	656			0.85	557.60
生產直接耗用	535	11712.09	0.04	0.85	454.75
其中:A 型計算機		6208.74	0.04		248.35
B 型計算機		5503.35	0.04		206.40
車間一般耗用	121			0.85	102.85
管理部門耗用	260			0.85	221.00
銷售部門耗用	69			0.85	58.65
合計	985			0.85	837.25

主管:　　　　會計:　　　　復核:　　　　製單:

33.1 月份職工基本工資檔案見附表 33-1,1 月份職工產品產量及考勤記錄統計表見附表 33-2。1 月 31 日在工資管理系統完成這些工資數據錄入,並按應付工資的 100％分配工資費用。

附表 33-1

良友電子科技有限公司 2016 年 1 月職工基本工資檔案

2016 年 1 月 31 日　　　　　　　　　　　　　　　　　單位:元

人員編號	姓名	部門	人員類別	基本工資
101	華強	企管部	企業高管	3600.00
201	孔禮	財務部	部門經理	2600.00
202	孟義	財務部	普通職員	2900.00
203	李仁	財務部	普通職員	2500.00
301	莊智	人事部	部門經理	2600.00
401	陳誠	資產部	部門經理	2600.00
501	劉謙	供應部	部門經理	2600.00
601	魯良	營銷部	部門經理	2600.00
701	張恭	倉儲部	部門經理	2600.00
702	曾檢	倉儲部	普通職員	2400.00
801	顏讓	車間辦	部門經理	2600.00
802	秦真	A 生產線	普通職員	2400.00
803	齊善	B 生產線	普通職員	2400.00

附表 33-2

良友電子科技有限公司 2016 年 1 月職工產品產量及考勤記錄統計表

2016 年 1 月 31 日

人員編號	姓名	部門	產品產量(臺)	加班天數	遲到次數	病假天數	事假天數	曠工天數	水電費	房租
201	孔禮	財務部		1						
202	孟義	財務部		1						
203	李仁	財務部		1						
301	莊智	人事部		1						
501	劉謙	供應部		1			1			
601	魯良	營銷部								
701	張恭	倉儲部		2	1					
702	曾檢	倉儲部		2				1	10	20
801	顏讓	車間辦		3						
802	秦真	A 生產線	300	3	1				10	20
803	齊善	B 生產線	200	3		1			10	20

34.1 月 31 日,按應付工資的 2% 計提工會經費。

35.1 月 31 日,按應付工資的 1.5% 計提職工教育經費。

36.1 月 31 日,按應付工資的 20% 計提企業負擔的基本養老保險。

37. 1月31日,按應付工資的8％計提企業負擔的醫療保險。
38. 1月31日,按應付工資的2％計提企業負擔的失業保險。
39. 1月31日,按應付工資的1％計提工傷保險。
40. 1月31日,按應付工資的1％計提生育保險。
41. 1月31日,按應付工資的8％計提企業負擔的住房公積金。
42. 1月31日,結轉本月職工取暖費8,750元。
43. 1月31日,計提當月固定資產折舊。
44. 1月31日,報廢世通計算機組裝生產線一套,見附表44。

附表44

固定資產報廢申請表

2016年1月31日

資產名稱	世通計算機組裝生產線	規定使用年限	10年	原值	3000.00元
規格型號	ST06－01R	已提折舊期限	119月	已提折舊	2850.00元
				補提折舊	
單位	基本生產車間	預計收回殘值	150.00	淨值	150.00元
資產編號	02800001	所在位置	良友電子科技有限公司基本車間		
報廢原因	技術性陳舊				
審批意見					
主管部門		使用單位		技術鑒定小組	
同意		同意		同意	
負責人: 經辦人:		負責人: 經辦人:		負責人: 經辦人:	

45. 1月31日,支付報廢世通計算機組裝生產線清理費用50元,見附表45。

附表45

領　款　單

2016年01月31日

單位或姓名	何夢威	
領款事由	機器設備清理費	現金付訖
今領到人民幣(大寫)伍拾元整	(小寫)¥50.00	
備註		

會計:　　　出納:　　　核准:　　　領款人:何夢威

46. 1月31日,處置報廢世通計算機組裝生產線殘值收入100元,開出增值稅

普通發票,稅率按4％減半計算,見附表46。

附表 46

河南增值税普通发票　№0279951
此联不作报销、扣税凭证使用

校验码 54896 35987 46136 98714　开票日期：2016年1月31日

购买方	名　称：郑州市再生资源公司 纳税人识别号：67838500062031 地　址、电话：郑州市龙子湖路136号 开户行及账号：中行二七支行6906231798036901472754	密码区	85>7*00>357>09*<64-210 02/57>039>00* >09 6*0002/57*039>00-781*741-902/57*03*09-281*7　加密版本：01 <<951-+258**089/456-247/160+123/10-1+2-247/　3200071712 102/57*039>00-123/147**09-2-359/56-24647*8　04343224

货物或应税劳务、服务名称	规格型号	单位	数量	单价	金额	税率	税额
世通计算机组装生产线		台	1	100.00	100.00	2％	2.00
合　計					¥100.00		¥2.00

价税合计（大写）　◎壹佰零贰元整　　（小写）¥102.00

销售方	名　称：良友电子科技有限公司 纳税人识别号：00062031678365 地　址、电话：郑州经济技术开发区第九大街936号 开户行及账号：中行郑开支行6906231798036901472753	备注	

收款人：李仁　　复核：　　开票人：鲁良　　销售方：（章）

47. 1月31日，結轉報廢世通計算機組裝生產線清理淨損失，見附表47。

附表 47

固定資產清理結轉表
2016年1月31日

固定資產名稱	世通計算機組裝生產線	使用部門		基本車間	
原始價值	3000.00	累計折舊	2850.00	帳面淨值	150.00元
清理費用	50.00	殘料入庫		變價收入	100.00元
清理收益		清理損失	100.00元	其他	

主管：　　會計：　　製單人：　　經辦人：

48. 1月31日，當月A型計算機和B型計算機的生產工人工資分別為6,208.74元和5,503.35元，以此為標準分配結轉製造費用。

49. 1月31日，計提當月負擔的借款利息，年利率為6％。

50. 1月31日，按應收帳款餘額的0.5％計提壞帳準備。

51. 1月31日，分別按7％、3％和2％稅率計算應交城市維護建設稅、應交教育費附加和應交地方教育費附加。

52. 1月31日，結轉完工產品成本。

53.1月31日,結轉銷售成本。見附表53-1、53-2。

附表53-1

產 品 出 庫 單
2016年1月10日

購貨單位:鄭州冠邦電腦科技公司　　　　　　　　　　　　　編號:001

產品編碼	產品名稱	規格	計量單位	發出數量	單位成本	備註
301	A型計算機	LY50－90A	臺	300		

主管:　　　會計:　　　保管員:曾檢　　　經辦人:魯良　　　製單:曾檢

附表53-2

產 品 出 庫 單
2016年1月21日

購貨單位:洛陽九都電子科技公司　　　　　　　　　　　　　編號:002

產品編碼	產品名稱	規格	計量單位	發出數量	單位成本	備註
302	B型計算機	LY50－90B	臺	200		

主管:　　　會計:　　　保管員:曾檢　　　經辦人:魯良　　　製單:曾檢

54.1月31日人民幣兌美元、歐元和英鎊等三種外幣的匯率分別為$1＝￥6.578,90,€1＝￥7.122,50,£1＝￥9.372,10,結轉匯兌損益。

55.1月31日,結轉期間損益之收入。

56.1月31日,結轉期間損益之費用。

57.1月31日,計算當月應交所得稅,稅率為25％。

58.1月31日,結轉所得稅費用。

59.1月31日,結轉本月未交增值稅。

國家圖書館出版品預行編目(CIP)資料

會計電算化實訓教程 / 劉國中 主編. -- 第一版.
-- 臺北市：財經錢線文化出版：崧博發行, 2018.12
　面；　公分
ISBN 978-957-680-323-9(平裝)
1.會計資訊系統
495.029　　　107020010

書　名：會計電算化實訓教程
作　者：劉國中 主編
發行人：黃振庭
出版者：財經錢線文化事業有限公司
發行者：崧博出版事業有限公司
E-mail：sonbookservice@gmail.com
粉絲頁　　　　　　網　址：
地　址：台北市中正區延平南路六十一號五樓一室
8F.-815, No.61, Sec. 1, Chongqing S. Rd., Zhongzheng Dist., Taipei City 100, Taiwan (R.O.C.)
電　話：(02)2370-3310　傳　真：(02) 2370-3210
總經銷：紅螞蟻圖書有限公司
地　址：台北市內湖區舊宗路二段 121 巷 19 號
電　話:02-2795-3656　傳真:02-2795-4100　網址：
印　刷：京峯彩色印刷有限公司（京峰數位）

　　本書版權為西南財經大學出版社所有授權崧博出版事業有限公司獨家發行電子書及繁體書繁體版。若有其他相關權利及授權需求請與本公司聯繫。

定價：450元
發行日期：2018 年 12 月第一版
◎ 本書以POD印製發行